中国交通运输
"十三五"安全生产发展报告

交通运输部科学研究院
国家铁路局安全技术中心　编
中国民航科学技术研究院
国家邮政局邮政业安全中心

人民交通出版社股份有限公司
北　京

内 容 提 要

本报告分为上、下两篇，共十一章，涵盖交通运输行业的铁路、公路、水路、民航、邮政领域。上篇为"十三五"交通运输安全生产发展成效，重点阐述2016—2020年间我国交通运输相关领域安全生产重大改革举措及取得的成效。下篇为"十四五"交通运输安全生产发展展望，结合加快建设交通强国、交通运输安全生产"十四五"规划等战略目标，阐述今后一个时期交通运输安全生产发展方向与目标。

本报告旨在总结我国"十三五"时期交通运输安全生产工作经验，加深社会各方对交通运输安全生产的认识，促进交通运输安全生产水平提升。

图书在版编目（CIP）数据

中国交通运输"十三五"安全生产发展报告 / 交通运输部科学研究院等编 . — 北京 : 人民交通出版社股份有限公司 , 2022.11

ISBN 978-7-114-18219-8

Ⅰ . ①中… Ⅱ . ①交… Ⅲ . ①交通运输安全—研究报告—中国— 2016—2020 Ⅳ . ① X951

中国版本图书馆 CIP 数据核字（2022）第 174983 号

Zhongguo Jiaotong Yunshu "Shisanwu" Anquan Shengchan Fazhan Baogao

书　　　名：中国交通运输"十三五"安全生产发展报告
著 作 者：交通运输部科学研究院　国家铁路局安全技术中心
　　　　　　中国民航科学技术研究院　国家邮政局邮政业安全中心
责任编辑：姚　旭
责任校对：赵媛媛
责任印制：刘高彤
出版发行：人民交通出版社股份有限公司
地　　　址：（100011）北京市朝阳区安定门外外馆斜街 3 号
网　　　址：http : //www.ccpcl.com.cn
销售电话：（010）59757973
总 经 销：人民交通出版社股份有限公司发行部
经　　　销：各地新华书店
印　　　刷：北京交通印务有限公司
开　　　本：889 × 1194　1/16
印　　　张：6
字　　　数：118 千
版　　　次：2022 年 11 月　第 1 版
印　　　次：2022 年 11 月　第 1 次印刷
书　　　号：ISBN 978-7-114-18219-8
定　　　价：80.00 元

（有印刷、装订质量问题的图书，由本公司负责调换）

编写单位及人员

交通运输部科学研究院

耿　红　潘凤明　彭建华　马　楠　姜　瑶　周　京
　　叶　赛　王儒俊　王轩雅　姜一洲　田　建

国家铁路局安全技术中心

刘　伟　都占明　刘瑞芳　郜博锋　何子正　刘桂军
　　尚宾宾　刘　哲　王　东

中国民航科学技术研究院

刁　琳　陈艳秋　张　元

国家邮政局邮政业安全中心

师雪娇　赵明远

序

"十三五"时期是全面建成小康社会决胜阶段，我国经济社会发展取得新的历史性成就，经济实力、科技实力、综合国力和人民生活水平又跃上新的台阶。"十三五"时期也是交通运输基础设施发展、服务水平提高和转型发展的黄金时期，交通运输行业上下抓住机遇、持续奋斗、不辱使命，在服务支撑经济社会发展中实现了新作为。我国已成为名副其实的交通大国，有力支撑了国家综合实力大幅跃升。"十三五"时期，我国高速铁路里程翻了一番、位列世界第一，高速公路里程、万吨级码头泊位数量等保持世界第一，以北京大兴国际机场为代表的机场群建成投用，快递业务量位居世界第一，铁路、公路、水路客货运输量和旅客周转量等跻身世界前列，民航运输总量连续 15 年稳居世界第二。

"十三五"时期，交通运输部党组认真学习习近平总书记关于安全生产的重要论述，全面贯彻党的十九大和十九届历次全会精神，科学把握交通运输安全生产特征和规律，对安全生产作出了一系列战略部署，取得显著成绩，有力保障了交通运输行业蓬勃发展，交通运输行业治理体系和治理能力现代化持续推进，交通运输安全生产体系不断完善，平安交通建设不断深入，基层、基础、基本功不断加强，交通运输安全生产形势总体稳定向好。

本报告系统总结了"十三五"时期交通运输各领域安全生产取得的成效，阐述了铁路、公路、水路、民航、邮政等领域在全面落实习近平总书记关于安全生产的重要论述、深化推进安全生产改革发展、大力推进依法治理、不断完善双重预防机制、加强安全基础保障能力建设、系统加强应急能力建设、坚决抗击新冠肺炎疫情、不断深化国际交流合作等方面的重大举措，分析了当前我国交通运输安全生产面临的机遇与要求，提出了"十四五"时期我国交通运输安全生产的方向与目标。

本报告由交通运输部科学研究院牵头，国家铁路局安全技术中心、中国民航科学技术研究院、国家邮政局邮政业安全中心共同参与编写。国家铁路局、中国民用航空局、国家邮政局以及交通运输部安全与质量监督管理司、公路局、运输服务司、水运局、搜救中心、海事局等单位给予了大力支持和帮助，提出了宝贵的意见和建议，在此表示衷心的感谢！

由于资料所限，本报告未包括香港特别行政区、澳门特别行政区、台湾地区交通运输安全生产情况。

编 者
2022 年 5 月

前　言

党的十八大以来，我国各种交通运输方式快速发展，交通运输进入了加快构建现代综合交通运输体系的新阶段，取得了一系列重大成就。到"十二五"末，全国铁路营业里程达到 12.1 万公里，其中高速铁路运营里程超过 1.9 万公里；全国公路通车总里程达到 457.7 万公里，其中高速公路通车总里程为 12.4 万公里；共有颁证民用航空机场 210 个，定期航班航线 3326 条，按重复距离计算的航线里程为 786.6 万公里，按不重复距离计算的航线里程为 531.7 万公里；共有邮政邮路 2.5 万条，邮政邮路总长度（单程）为 637.6 万公里。高速铁路运营里程、高速公路通车里程、城市轨道交通运营里程、沿海港口万吨级及以上泊位数量均位居世界第一，交通运输基础设施网络初步形成。

"十二五"时期，交通运输行业认真贯彻落实"安全第一、预防为主、综合治理"的安全生产方针，牢固树立"发展绝不能以牺牲人的生命为代价"的红线意识，严格落实"党政同责、一岗双责、齐抓共管、失职追责"的要求，强化企业主体责任、地方属地监管责任和部门行业监管责任的落实，安全生产责任体系不断完善，安全生产监管能力逐步提升，安全生产宣传教育与培训不断加强，安全生产工作取得了明显成效，安全生产综合能力得到提升，为促进我国交通运输事业的发展作出了重大贡献。但是，也存在亟待解决的问题和亟待提升的短板，如法规和预案体系依然不健全、责任落实依然不到位、基层队伍建设依然滞后、装备老化且监管智能化水平不高、农村公路和渡口改造任务依然艰巨。

"十三五"时期，我国社会经济发展迈入新的阶段，交通运输发展处于支撑全面建成小康社会的攻坚期、优化网络布局的关键期、提质增效升级的转型期，人民群众对于安全、便捷出行服务的愿望和诉求愈发强烈。与此同时，快速扩张的路网规模对铁路和公路的运营安全管理提出了巨大挑战，国内民航支线和国际航线数量成倍增加，安全运行风险加大。邮政业需要在新发展格局中找准定位，全方位提升行业贡献度和社会影响力。交通基础设施面临很多复杂地理、气候等自然环境不可控风险的考验，交通运输各领域新技术、新装备、人员密集型综合交通设施大量投产运用。此外，交通运输行业面临的非传统安全威胁日益凸显，恐怖主义活动和人为破坏威胁依然存在，安全发展面临新的难题和挑战。为此，各级交通运输管理部门牢固树立安全发展理念，推进安全体系建设，深化改革发展，推进依法治理，加快建立安全生产双重预防机制，加强安全生产信用管理，提升科技兴安能力，强化应急救助能力，持续深化平安交通建设，为经济社会发展提供可靠交通运输的安全保障。

编　者

2022 年 5 月

目 录

第十一章　交通运输安全生产发展方向与目标

上篇 》》》

"十三五"交通运输安全生产发展成效

第一章

全面落实习近平总书记关于
安全生产的重要论述

习近平总书记高度重视安全生产，站在时代和全局的高度，以国家安全和人民美好生活为指引，对安全生产作出了一系列重要论述，多次强调要坚持人民至上、生命至上，以人民安全为宗旨，始终把人民群众生命安全放在第一位，始终把安全生产放在首要位置。党的十九大将加强安全生产工作作为提高保障和改善民生水平、加强和创新社会治理的重要任务，作出了一系列重要决策部署，提出要强化安全发展理念，弘扬生命至上、安全第一的思想，强化红线意识、底线思维，健全公共安全体系，完善落实安全生产责任制，着力防范化解安全生产重大风险，坚决遏制重特大安全事故，提升防灾减灾救灾能力。

"十三五"期间，交通运输行业深入学习和贯彻落实习近平总书记关于安全生产的重要论述，以"平安交通"为统领，将安全发展的要求贯穿交通运输的全领域、全要素和全过程，强化系统治理，深化安全体系建设，推进安全生产领域改革发展，开展安全生产专项整治，加强安全生产监管执法，交通运输安全法规制度体系逐步完善，安全责任体系逐步规范，预防控制体系稳步推进，支撑保障体系有效加强，宣传教育体系持续强化，国际化战略体系不断拓展，交通运输行业整体安全水平不断提升。

一 / 牢固树立安全发展理念

学习贯彻习近平总书记关于安全生产的重要论述。交通运输部党组高度重视安全生产工作，始终坚持以习近平新时代中国特色社会主义思想为指导，增强"四个意识"，坚定"四个自信"，做到"两个维护"，通过组织部党组理论学习中心组学习，编印交通运输行业贯彻习近平总书记关于安全生产重要论述系列学习材料，召开部务会、安委会、专题会研究安全生产重大问题，部署安全生产工作等方式，深入学习贯彻落实习近平总书记关于安全生产重要论述，政治站位不断提高，责任意识不断增强，安全生产防线不断筑牢，"人民至上、生命至上"的安全发展理念更加牢固，安全发展水平进一步提升。

以安全发展理念引领安全生产。交通运输部把保障人民群众出行安全放在首位，连续多年以部1号文件部署指导各地开展安全生产工作。加强顶层设计和系统谋划，交通运输部印发《交通运输安全应急"十三五"发展纲要》，铁路、民航和邮政系统结合各自安全监管职责和安全生产实际，制定相应的发展规划或纲要。铁路领域以确保高速铁路和旅客安全万无一失为目标，制定《铁路安全生产"十三五"规划》，并做好规划的推进实施。公路水路领域深化平安交通建设，印发《平安交通三年攻坚行动方案（2018—2020年）》，加强交通运输安全生产重大风险防控，研究提出交通运输领域安全生产重大风险清单，认真落实《全国安全生产专项整治三年行动计划》，部署开展安全生产专项整治三年行动，不断夯实安全基础，大力提升安全发展能力，全力维护人民群众生命财产安全。民航领域深刻把握民航安全工作的极端重要性，切实增强以"敬畏生命、敬畏规章、敬畏职责"为内核的敬畏意识，深刻领会习近平总书记对民航安全工作系列批示指示的精神实质和丰富内涵，将其贯彻到民航安全治理体系和治理能力现代化建设的各层面、各领域、各环节，转化为民航安全治理的生动实践。邮政领域坚持人民邮政为人民的初心使命，不断满足人民群众日益增长的美好生活用邮需要，不断健全完善系统治理和综合治理工作机制，推动构建政治安全、公共安全、寄递安全、生产安全、产业安全、信息安全等相统筹的大安全格局。

二　准确把握安全发展规律

大力推进安全体系建设。交通运输部坚持系统治理，着力解决安全生产领域突出问题，印发《交通运输部关于推进交通运输安全体系建设的意见》，大力推进交通运输安全生产"法规制度、安全责任、预防控制、宣传教育、支撑保障、国际化战略"体系建设，交通运输安全生产法规制度和标准规范进一步健全，责任更加明晰落实，监督管理能力明显提升，从业人员综合素质整体提高，保障水平显著增强。在吉林省和深圳市开展交通运输安全体系建设试点取得积极成效，安全生产监督管理规范化、制度化、标准化、程序化进一步加强。落实"三管三必须"和"党政同责、一岗双责"的要求，出台《民航生产安全责任事故领导责任追究暂行规定》，进一步完善民航安全生产责任体系，建立领导责任追究程序和协同机制，防范民航生产安全责任事故。

加强安全生产形势研判。交通运输部完善生产安全事故统计分析制度，开展生产安全事故季度、年度分析，总结事故发生的特点和规律，研判生产安全事故趋势。建立国家重要节假日和重大活动期间安全生产日报告日分析机制，保障重点时段的交通运输安全稳定。密切与气象、海洋等部门的联系，强化极端天气信息资源共享，研判汛期、寒潮、台风等天气对行业安全的影响，及时发布安全生产预警信息，有效指导地方交通运输部门防范自然灾害，做好事故预防。及时印发事故警示通报，指导各地深刻吸取教训，确保人民群众生命财产安全。

加强安全发展规律研究。组织开展"交通运输安全生产阶段性、区域性、体制性、制度性特征及战略对策""完善交通运输安全体系，加快'平安交通'锻长板、补短板、固底板""近十年我国水上交通事故统计分析与对策建议"等专题研究，准确把握交通运输安全生产特征，统筹谋划交通强国安全生产领域发展对策措施，发挥优势、锻造长板，找准差距、补齐短板，夯实基础、固牢底板，构建制度更加完善、运行更加可靠、保障更加有力的现代化交通运输安全体系。铁路领域，分析研究高速铁路运营十年安全情况和规律，组织开展高速铁路安全源头质量控制、高速铁路安全监管和高速铁路运营安全管理等专项课题研究。

专栏 1-1

民航业坚持把正确处理好四个关系作为安全工作的总开关

民航业不断深化对航空安全规律的认识，在"一二三三四"总体工作思路[1]的指引下，从系统工程角度出发，精心谋划安全工作，不断改进安全管理方式方法，安全工作的内涵不断丰富，使得民航安全治理体系和治理能力不断向着更加成熟更加完善的方向迈进。把握好安全与发展的关系，保证发展需求与资源保障能力相适应、相匹配。把握好安全与效益的关系，在提质增效的同时保持安全裕度，在努力降低运行成本的同时确保安全投入。把握好安全与正常的关系，科学使用运行标准，以安全保障正常运行，以正常促进安全提升。把握好安全与服务的关系，认真细致地践行真情服务理念，努力实现安全要求与服务需求的统一。

---

[1] 2016 年提出的民航"一二三三四"总体工作思路，即：践行一个理念、推动两翼齐飞、坚守三条底线、完善三张网络、补齐四个短板，即牢固树立"发展为了人民"理念，推动运输航空与通用航空协调发展，坚持"飞行安全、廉政安全、真情服务"三条底线，构建机场网、航线网、运行监控网"三张网络"，补齐空域资源、适航审定能力、服务品质、应急处置"四个短板"。

发挥交通运输部安全委员会的牵头抓总作用。修订完善《交通运输部安全委员会成员单位安全生产工作职责》，进一步强化指导公路水路行业安全生产和应急管理工作。交通运输部安全委员会制定实施安全生产检查计划，统筹开展行业安全生产督查检查工作，督促落实安全生产责任。指导各地交通运输管理部门完善安全委员会制度，协调解决涉及多部门、多层级的交通运输安全问题。

强化落实政府监管责任。贯彻落实"党政同责、一岗双责、齐抓共管、失职追责"和"管行业必须管安全、管业务必须管安全、管生产经营必须管安全"原则，按照《国务院安全生产委员会成员单位安全生产工作任务分工》，压紧压实交通运输领域各部门、各单位安全监管职责，厘清监管事权、消除监管盲区。推动地方政府落实铁路安全属地管理责任，协调推动将铁路安全纳入地方政府领导干部安全生产"职责清单"和年度"工作清单"，将铁路沿线安全环境治理工作纳入地方政府高质量发展综合绩效评价指标体系，有效落实各级地方政府铁路安全属地责任。印发《公路水路行业安全生产监督管理工作责任规范导则》等管理制度，组织开展安全生产监督管理工作责任体系建设示范试点工作，行业管理部门的安全生产责任更加明晰，权责清单基本建立，安全履职行为进一步规范。印发《关于严格落实法律法规要求加强危险化学品港口作业安全监管的若干意见》，提出24项意见，督促严格落实港口行政管理等相关部门的安全生产监督管理责任和危险化学品港口企业安全生产主体责任。

压实企业安全生产主体责任。中国国家铁路集团有限公司印发《关于全面加强全员安全生产责任制工作的通知》《党组成员、铁路总工会主席、总师（长）和机关各部门安全生产职责》，进一步完善企业全员安全生产责任制。公路水路领域积极推进安全生产标准化建设，开展道路运输、公路水运工程施工、港口危险货物储存企业主要负责人和安全生产管理人员安全考核，主要负责人、安全管理人员和依法持证人员的安全责任进一步落实。民航领域加强生产经营单位安全生产责任事故领导责任追究，抓住关键少数，压实安全责任，落实到岗、落实到人。健全民航安全生产信用体系，完善守信激励和失信惩戒机制，严格落实安全生产"一票否决"制度。完善违法失信行为惩戒机制，构建了行业安全管理失信单位及人员"黑名单"制度，对民航从业人员相关违法行为形成了有效震慑。邮政业围绕"从根本上消除事故隐患"，集中打击惩治一批违规收寄涉恐涉爆涉毒等禁寄物品行为，关停、取缔一批无证经营和不符合安全条件的企业，严格问效问责，加强督促检查、工作治理、监督问责，确保整治工作取得成效。

四 完善风险防范化解机制

坚决防范化解交通运输安全生产重大风险。深入贯彻落实习近平总书记关于坚持底线思维着力防范化解重大风险的重要指示，2019年交通运输部安全委员会印发《关于加强交通运输领域安全生产重大风险防控的通知》，指导行业开展交通运输安全生产重大风险防范化解工作，聚焦"黑天鹅""灰犀牛"风险，突出重点领域，提出了24项交通运输领域安全生产重大风险及风险防控措施，着力防范重特大生产安全事故发生。

强化重点领域安全风险防范。铁路领域，聚焦高速铁路和旅客列车安全，针对春运、暑运、汛期、全国"两会"及国庆节等关键时间节点，加大检查力度，有针对性地采取强化措施。紧盯错办进路、机车车辆溜逸、信号显示升级、列车监控数据错误、机车车辆走行部件脱落等危及高速铁路和普速铁路列车安全的问题，深入排查整治安全基础及管理方面的问题。强化对道口、线路封闭、营运线施工等涉及路外和从业人员伤亡的风险研判和管理。加大地方铁路、专用铁路、铁路专用线监督抽查力度，强化安全管理基础。公路水路领域，制定《公路水路行业安全生产风险管理暂行办法》，明确风险管理的责任主体和风险辨识、评估与控制等制度。在公路桥梁、隧道和高边坡工程，以及港口工程、港口危险货物集中区域等专项领域制定出台了安全风险评估指南，具体指导风险辨识评估和管控工作。选择28家管理部门和企业开展安全生产风险管理试点工作，并组织有关专家对试点单位进行指导，不断总结风险管理经验，提升行业风险管控能力。

五 筑牢安全生产工作基础

加强安全研究机构建设。为加快提升安全研究工作能力和水平，2018年交通运输部党组推动成立了交通运输安全研究中心，负责研究国内外交通运输领域安全生产前沿理论和法规政策，开展安全生产政策、战略、规划、法规、制度、标准研究工作；负责交通运输生产安全事故案例库建设，研究分析交通运输生产安全典型案例，开展双重预防控制体系建设研究工作；负责交通运输安全生产科学技术研究开发，开展关键性、前瞻性技术研究工作，推广先进、实用技术成果；开展交通运输安全生产研究国际合作与交流，承担交通运输安全生产知识宣传普及，推广应用安全生产先进理论、标准、技术。成立了交通运输部交通运输安全研究专家组，发挥专家团队技术咨询和支撑作用。专家组主要由交通、公安、应急管理部门和科研院所、高校及相关企业的高级管理人员、专家学者组成。组建了交通运输安全智库联盟，成为交通运输行业共建、共享、共用的高端智库平台，首批联盟理事单位由国家铁路局安全技术中心、交通运输部科学研究院、交通运输部公路科学研究院、交通运输部水运科学研究院、交通运输部规划研究院、交通运输部天津水运工程科学研究院、大连海事大学、中国民航科学技术研究院和国家邮政局邮政业安全中心组成。

开展危险货物综合运输调研与立法研究。交通运输部安全委员会办公室会同国家铁路局、中国民用航空局和国家邮政局成立了危险货物运输安全研究专班，组织开展危险货物运输安全研究调研工作，系统了解我国危险货物运输安全管理现状和短板，从综合运输角度加强顶层设计，探索研究危险货物运输最优配置方案，提升危险货物运输安全水平。开展危险化学品安全法中交通运输领域相关内容的立法研究，成立工作专班，为危险货物运输管理进行顶层设计和谋划，促进提升危险货物运输领域依法治理水平，保障危险货物运输行业持续安全健康发展。

探索开展交通运输生产安全事故全口径信息收集。完善交通运输生产安全事故统计制度，畅通事故报告渠道，保障管理部门及时、准确、全面地获得事故信息，推进铁路、公路、水路、民航和邮政领域生产安全事故全口径信息收集，充分发挥事故统计分析在交通运输安全生产管理中的作用，科学研判综合交通运输安全生产形势。

第二章

深化安全生产改革

习近平总书记主持召开中央全面深化改革领导小组第28次会议并发表重要讲话强调：推进安全生产领域改革发展，关键是要作出制度性安排，依靠严密的责任体系、严格的法治措施、有效的体制机制、有力的基础保障和完善的系统治理，解决好安全生产领域的突出问题，确保人民群众生命财产安全。各级党委和政府特别是领导干部要牢固树立安全生产的观念，正确处理安全和发展的关系，坚持发展决不能以牺牲安全为代价这条红线❶。

"十三五"期间，交通运输行业认真贯彻落实《中共中央　国务院关于推进安全生产领域改革发展的意见》精神，深入推进安全生产领域改革发展，在安全生产监管体制、跨部门跨区域安全生产机制建设等方面不断改革创新，进一步深化交通运输综合行政执法改革，加快安全监管机构和队伍建设，厘清安全监管权责关系和职责边界，逐步形成监管合力，交通运输安全生产综合治理效能不断增强。

一　深化安全管理体制改革

深化公安机关管理体制改革。 2018年12月，中共中央办公厅、国务院办公厅印发《行业公安机关管理体制调整工作方案》，按照"警是警、政是政、企是企"的要求，将铁路公安、交通公安由双重领导调整为公安部领导；民航公安保持双重领导体制不变，但调整为以公安部领导为主。改革后，铁路公安实行公安部垂直领导；长江航运公安局和首都机场公安局由公安部领导，其余交通公安、民航公安队伍交由省级公安厅（局）领导。管理体制调整后，铁路公安与铁路运输企业建立了深度融入的工作机

---

❶　出自《人民日报》（2016年10月12日01版）。

制，逐步探索建立了联防联控模式，形成多元共治格局，为强化铁路安全宣传、及时化解矛盾纠纷、保障车站人员密集场所公共安全、建立联勤联动工作制度机制创造了良好基础。

深入推进综合行政执法改革。将交通运输系统内公路路政、道路运政、水路运政、航道行政、港口行政、地方海事行政、工程质量监督管理等执法门类的行政处罚以及与行政处罚相关的行政检查、行政强制等执法职能进行整合，组建交通运输综合行政执法队伍，以交通运输部门名义实行统一执法。印发《交通运输综合行政执法事项指导目录》，梳理了交通运输领域依据国家法律、行政法规设定的行政处罚和行政强制事项，以及部门规章设定的警告、罚款的行政处罚事项。通过改革，整合执法队伍，理顺职能配置，减少执法层级，加强执法保障，提高执法效能，权责统一、权威高效、监管有力、服务优质的交通运输综合行政执法体制初步形成，监管执法进一步规范、文明，法治能力明显提升。

深化民航体制改革。制定出台《关于进一步深化民航改革工作的意见》，形成了"1+10+N"（1个意见+10个方面的专项改革任务+专项改革任务衍生的各项专题改革任务）深化民航改革工作总体框架，完成了1468项具体改革任务，进一步提升了民航治理体系和治理能力现代化水平。开展行业监管执法模式改革，全面推行法定自查制度，建立法定自查容错机制。启动差异化安全监管试点。空域精细化管理改革不断深化，低空空域改革试点成效明显。民航维修领域实现"多证合一"。完成通航监管模式改革试点，分级分类和双随机监管模式进一步推广，双证联合审定全面实施。

二 完善安全监管机构设置

优化民航适航职能和机构设置。统筹适航审定专业技术和人才资源，组建中国民用航空适航审定中心，统一管理上海、沈阳适航审定中心及在西安设置分支机构。创新管理模式，探索与地方合作共建机制，成立江西适航审定中心。结合我国航空工业发展的总体布局，分别在成都、广州成立中国民用航空成都机载设备适航审定中心、中国民用航空广州航空器适航审定中心。将民用航空产品的生产监管职能下放给地区管理局，成立了天津、江西、山东、黑龙江等地区生产监督办公室，全面实施生产批准的属地化管理。中国民用航空局驻中商飞适航办公室及驻飞行学院通航办公室启动运行。积极协调中央机构编制委员会办公室、外交部在我国驻有关地区和国家使（领）馆派驻从事适航审定工作的民航代表。

推进渔船检验和监督管理机构调整。原农业部的渔船检验和监督管理职责划归交通运输部，交通运输部海事局负责拟订渔业船舶检验政策法规及标准、渔业船舶检验监督管理和行业指导等工作；中国船级社负责渔业船舶和船用产品法定检验工作。

完善邮政安全监管机构设置。国家、省、市邮政业安全领导小组全面成立，国家邮政局市场监管司加挂安全监督管理司牌子，邮政业安全监管工作领导机制更加健全。2018年，国家邮政局市场监管司增设应急管理处，应急管理体制更加完善，随即成立邮政业安全和应急工作领导小组，强化应急管理工作职能。成立邮政快递业安全生产协调领导小组，进一步强化安全管理、提升整体安全保障能力，推动形成邮政快递行业政企联动、上下协同、群防群治抓安全的良好局面。推进省（自治区、直辖市）、市（地、州、盟）、县三级邮政业安全和应急体系建设，逐步建立三级安全支撑体系。

三　发挥联合监管机制合力

健全部门间沟通协调机制。完善交通运输主管部门与综合行政执法机构、事务中心等之间的协调机制，安全监管信息共享机制得到进一步落实，监督检查效能进一步提高。在旅客客运安全管理、超载治理、防范遏制商渔船碰撞事故等方面，与应急、公安、市场监管、文旅、农业农村等相关部门的沟通协调机制进一步优化，开展了一系列联合检查和"打非治违"联合执法，部门间非法违规信息抄告机制初步建立。民航与证监会建立协同监管、联合惩戒工作机制，实施失信惩戒，使失信者"一处失信，处处受限"；与国家应急管理部门联合发文，加强民用机场净空保护，协调地方政府出台相关管理条例，在中南、西北地区开展"航行服务程序净空保护区域一体化图"试点工作，实现了民航和地方政府净空管理上的"多规合一"；与工业和信息化部及地方政府无线电管理部门完善保护民航专用频率长效机制；与公安部、工业和信息化部、国家新闻出版广电总局等多部门建立打击"黑广播"违法犯罪行为联动机制，有效遏制了对民航干扰的势头；依托部际联席会议制度，加强危险化学品综合治理工作。

建立寄递渠道安全联合监管机制。推动寄递渠道安全监管纳入地方综合治理考评体系，实施属地监管、联动监管、片区化监管。协调多部门联合开展重大活动安保、数据资源共建共享、实名收寄制度实施、涉恐涉毒案件查处、属地责任落实等重大任务攻坚。联合机制建立以来，坚持问题导向、改革方向，充分发挥部际层面联动机制优势和协同作用，在服务保障"六稳""六保"、维护国家政治安全、开展平安寄递建设、防范化解寄递领域涉稳风险、深化联合监管机制、保障寄递渠道安全平稳畅通等方面发挥重要作用，形成寄递安全齐抓共管、综合治理的工作格局。

四 加强地方协同发展格局

建立新形势下的护路联防公共安全体制机制。2020年，平安中国建设协调小组对新时代铁路护路联防工作进行部署，将铁路护路联防工作纳入社会治安组，专门成立"铁路护路联防工作组"，推动属地管理责任、行业部门监管责任、铁路企业主体责任落实。坚持专项治理和系统治理、依法治理、综合治理、源头治理相结合，充分发挥体制优势，统筹各方资源力量，全面推进铁路护路联防重点工作。

铁路沿线安全环境共治机制逐步形成。由国家铁路局7个地区铁路监管局、中国国家铁路集团有限公司18个铁路局集团公司成立工作专班，制定了工作方案和计划；31个省级政府分别与地区铁路监管局、铁路局集团公司成立了联合领导小组或协调机构，铁路沿线460个地市政府与铁路运输企业建立了工作联系机制，成立了铁路沿线安全环境治理联席会议或工作领导小组等工作机构。建立由交通运输部、中共中央委员会政法委员会等12个部门和单位组成的铁路沿线安全环境治理部际联席会议制度，定期协商解决铁路沿线环境隐患问题，形成了"协同监管、综合整治"工作格局。

推动建立铁路沿线安全环境管理"双段长"制。按照《住房城乡建设部 国家铁路局 中国铁路总公司关于建立铁路沿线环境综合整治长效机制的意见》的要求，相关地方人民政府和铁路运输企业积极探索、组织实施"双段长"制，协调整合各方力量，有力促进了铁路沿线环境安全监管和综合整治等工作。

实施农村公路"路长制"。深入贯彻《中共中央 国务院关于坚持农业农村优先发展做好"三农"工作的若干意见》，认真落实《国务院办公厅关于深化农村公路管理养护体制改革的意见》，印发《关于全面做好农村公路"路长制"工作的通知》，全面推行农村公路县、乡、村三级"路长制"。通过设立县级总路长和各级路长，有效统筹县域内农村公路的建设、管理、养护、运营及路域环境整治等工作，协调解决重大问题等，有效提升工作效率。依托"路长制"有效整合各部门资源，公安部门和交通部门联合推进"千灯万带"，在平交路口由公安部门加装信号灯，由交通部门加装减速带，并依托公安部门"雪亮工程"加强公路交通突发事件监控，共同提升农村公路安全水平。

推动邮政安全生产和应急管理融入地方监管体系。落实邮政管理领域地方财权事权，协调垂直管理与属地管理的关系，落实中央和地方安全监管共同事权，积极参与地方平安建设、网格化管理、重大战略实施，推动政府监管责任和属地管理责任落地。积极探索符合邮政行业治理实际的部门协作模式，推动在安全管理、跨境寄递、数据治理等更多领域的协同监管，探索对即时递送等新业态开展联合监管、综合治理。不断探索工作新模式，开展邮政部门联署办公，加强规划引领、案件侦办、执法检查等合作。

第三章

大力推进法治建设

党的十八大以来，以习近平同志为核心的党中央从实现执政兴国、人民幸福安康、国家长治久安的全局和战略高度，定位法治、布局法治、厉行法治，形成全面依法治国新理念新思想新战略，把全面依法治国纳入"四个全面"战略布局，加强党对全面依法治国的集中统一领导，作出一系列重大战略部署。

"十三五"时期，交通运输行业以习近平新时代中国特色社会主义思想为指导，全面贯彻落实习近平法治思想，深入推进交通运输法治政府部门建设，为加快建设交通强国提供有力法治保障。交通运输行业坚持立法先行，健全完善综合交通法规体系，夯实交通强国法治基础。全力推进重点立法项目，服务交通运输改革发展。积极推进交通运输重大法律法规制修订工作，全力推进部颁规章出台，有力推动交通运输治理体系和治理能力现代化，支撑和保障了国家重大战略的实施。不断深化交通运输综合执法改革，加快提升执法队伍素质能力。统筹推进行政执法"四基四化"建设，不断推动执法问题有效整改。坚持依法行政，推进行政决策科学化、民主化、法治化。加大督促指导力度，进一步整合执法队伍，提高行政执法能力水平，安全生产监管执法队伍进一步加强，监管执法进一步规范、文明，法治能力明显提升。

一　健全法律法规体系

法律、行政法规制修订取得积极进展。立法工作机制不断完善。交通运输部党组出台《交通运输部关于完善综合交通法规体系的意见》，颁布了《交通运输法规制定程序规定》，全方位规范立法工作程序，保证交通运输立法质量。积极推进交通运输法律法规重点项目制修订工作，不断完善交通运输行业安全生产法规体系建设，积极推进了

《中华人民共和国铁路法》《中华人民共和国海上交通安全法》《中华人民共和国民用航空法》《铁路交通事故应急救援和调查处理条例》《防治船舶污染海洋环境管理条例》《民用机场管理条例》《无人驾驶航空器飞行管理条例》《快递暂行条例》等法律、行政法规制修订工作，积极参与《中华人民共和国危险化学品安全法》制定工作。

规章制修订工作取得明显成效。全力推进部颁规章出台，制修订出台了《高速铁路安全防护管理办法》《高速铁路基础设施运用状态检测管理办法》《公路水运工程安全生产监督管理办法》《船舶载运危险货物安全监督管理规定》《港口危险货物安全管理规定》《民用航空安全管理规定》《民用航空安全信息管理规定》《邮政业寄递安全监督管理办法》《智能快件箱寄递服务管理办法》等规章，安全规章体系进一步完善。颁布了公路水路部门规章122件次，其中落实保障交通运输行业安全生产的21件次。颁布铁路、民航、邮政领域规章110件，为保障运输安全、规范安全监管提供了重要支撑。

二 完善标准规范体系

标准规范体系进一步完善。进一步深化标准化改革工作，推动政府主导制定的标准与市场自主制定的标准协同发展，围绕国家重大战略实施和交通运输高质量发展要求，依法制定综合交通运输、安全应急、绿色交通、物流、信息化5部重点领域标准体系，修订公路工程、水运工程标准体系，进一步完善铁路、民航、邮政标准体系，统筹规划标准制修订。"十三五"期间，发布标准1671项，包括国家标准275项、行业标准1396项；强制性标准203项、推荐性标准1468项，基本建成适应交通运输发展的标准体系。"十三五"期间，铁路领域编制发布《350公里/时高速电动车组通用技术条件》《高速铁路安全防护设计规范》《铁路接发列车作业》等标准648项，强化了标准高质量供给，有效满足了行业需求，发挥了标准在质量控制、安全保障、技术创新、环境保护等方面的技术支撑作用。公路水路领域加强了行业安全生产相关标准规范建设，围绕基础设施建设与运营、运输工具和装备设施、生产作业、养护和安全生产管理等方面制定完善了相应的安全生产标准规范，重点完成了城市公交、轨道交通运营、道路客运、危险货物道路运输、客滚运输、危险货物港口作业等领域标准规范制修订工作。

三 规范监管执法行为

不断深化交通运输综合执法改革。坚决贯彻党中央、国务院关于深化交通运输综合行政执法改革的决策部署，多措并举加快推动改革落地。坚持把综合执法改革作为重塑治理体系、提升治理能力、加强行业管理的基础性体制性保障抓实抓细，印发《加快推进交通运输综合行政执法改革工作的通知》，指导各地整合组建交通运输综合行政执法队伍，积极稳妥、紧凑有序推进改革工作。

推进交通运输行政执法规范化建设。进一步完善"四基四化"建设标准和制度，开展交通运输基层执法队伍职业化建设、基层执法站所标准化建设、基础管理制度规范化建设、基层执法工作信息化建设等标准和制度研究，促进提升交通运输行政执法的标准化规范化水平。制定实施《交通运输行政执法程序规定》，精简优化行政执法文书，细化行政执法"三项制度"内容，行政检查、调查取证行为以及送达执行等程序进一步规范。制定《交通运输综合行政执法事项指导目录》，从源头上规范行政执法事项。

不断推动执法问题有效整改。深入贯彻落实中央财经领导小组第十六次会议精神，组织5个暗访组对11个省（自治区、直辖市）公路、水运、海事等领域的行政处罚、检查等执法活动开展了暗访。对国务院大督查中反馈的乱罚款等执法不规范问题进行督促整改。

安全监管制度不断完善。系统制定了责任追究、风险管理、隐患治理、信用管理等综合安全管理制度。组织对每项拟取消行政许可事项制定事中事后监管细则。全面推动实现交通运输领域"双随机、一公开"（随机抽取检查对象，随机送派执法检查人员，抽查情况及查处结果及时向社会公开）监管全覆盖、常态化。邮政领域强化"双随机、一公开"监管、信用监管、"互联网+"监管、跨部门协同监管、委托执法监管，推动安全监管执法，实现了"由传统执法模式向'互联网+'模式、由被动执法向主动执法、由管理型执法向服务型执法"三个转变。

四　强化监管执法队伍建设

监管执法队伍素质能力不断提升。严格执法队伍监督管理，进一步完善执法人员资格准入制度，建立了培训长效机制，在全国范围开展行政执法不规范治理工作，交通运输执法队伍的整体素质得到了有效提升。坚持指导推进和检查督促相结合，促进执法队伍规范化，制定了《交通运输综合行政执法队伍素质能力提升三年行动方案（2021—2023年）》。全面贯彻落实行政执法"三项制度"，逐步建立健全综合执法队伍制度体系、实施体系、监管体系和保障体系，不断提升交通运输综合行政执法能力和水平。铁路领域，严格实行铁路行政执法人员持证上岗和资格管理制度，建立培训长效机制，提升执法人员依法办案水平。民航领域，通过监察员资质管理，进一步优化监察员队伍结构，设立了监察员培训学院，完成了监察员培训体系的重构，完善监察员培训、考评、激励等措施，加强监察员能力培养，提高监察员的依法行政能力。与英美国家院校合作开办安全监督管理培训班，提升监察员的安全监管能力。规范监察员队伍管理，为监察员"加压、减负、撑腰、充电"。邮政领域健全执法检查人员信息库和市场主体名录库，修订完善随机抽查工作细则，实施"两库一清单"动态管理，25个省（自治区、直辖市）实现跨部门联合监管。8个省（自治区、直辖市）开展交叉互查，并邀请人大代表全程参与与指导。持续开展行政执法规范化建设，制发执法补充案由，开展执法案卷评议。依法做好集邮市场和邮政用品用具市场监管。

五 强化对突出问题依法治理

铁路安全隐患专项治理。铁路行业强化路地联动、区域协作、警企携手、综合执法，国家铁路局协调有关部门联合开展了京津城际、京沪高速铁路、京广高速铁路沿线安全环境综合整治。扎实开展铁路安全生产专项整治三年行动，排查整治铁路沿线环境安全、危险货物运输安全、公路水路与铁路并行交汇地段安全、路外伤害安全隐患，严厉打击铁路线路安全保护区内违法行为，推进铁路沿线轻飘物及危树治理、时速120公里铁路线路封闭、公跨铁桥梁移交、道口"平改立"等。补强安检防爆设施设备和安保力量，加大反恐防暴工作力度，依法严厉查处霸座占座、扒阻车门、醉酒滋事、动车组吸烟等滋扰站车秩序、侵害旅客权益的违法行为，检察机关集中办理涉铁公益诉讼案件。

规范治超执法工作向纵深迈进。按照交通运输部、公安部、工业和信息化部、工商总局、质检总局联合印发的《关于进一步做好货车非法改装和超限超载治理工作的意见》的部署安排，稳步推进新一轮治超工作。深入推进交通运输、公安部门治超联合执法常态化制度化工作，进一步规范公路治超执法行为，持续稳定推动公路治超工作。各地全面落实联合执法工作机制，实行"肩并肩"式、"前后协同"式联合执法，多头执法问题得到有效解决。

有效打击寄递违法违规行为。国家邮政局全面推动落实收寄验视、实名收寄和过机安检"三项制度"，强化危险违禁物品寄递安全管控，提高了企业安全风险管控水平，有效打击了通过寄递渠道寄递的违法违规行为，维护了社会稳定。大力推进智慧邮政建设，全面启动信用体系建设，将安全生产纳入行业信用体系，助力形成"一处受罚、处处受限"联动效应。特别是《快递暂行条例》出台后，明晰了实名制、隐私保护、损坏索赔、末端派件、违反交规、包装污染等多方面备受争议问题，护航"快递实名制"顺利推行，保障快递业健康发展，推进"放管服"改革，保护用户权益，完善服务规则，保障快递安全，为快递业带来众多福利、解决困难，又牢牢守住安全底线，在快递秩序完善上引导着快递行业持续健康发展。

专栏 3-1

《高速铁路安全防护管理办法》

为了加强高速铁路安全防护，防范铁路外部风险，保障高速铁路安全和畅通，维护人民生命财产安全，交通运输部、公安部、自然资源部、生态环境部、住房和城乡建设部、水利部、应急管理部联合发布了《高速铁路安全防护管理办法》（以下简称《办法》），自2020年7月1日起施行。《办法》着力推进高速铁路安全防护"四个体系"建设，包括：建设政府部门依法监管、企业实施主动防范、社会力量共同参与的高速铁路安全责任体系，努力形成综合施策、多方发力、齐抓共管、通力协作的高速铁路安全防护综合治理格局；建设协调配合、齐抓共管、联防联控的高速铁路沿线安全环境综合治理体系，推进铁路沿线安全环境综合治理常态化、规范化、制度化；建设技防、物防、人防三位一体的高速铁路安全保障体系，共同筑起高速铁路安全畅通的大屏障；建设预防为主、依法管理、综合治理的高速铁路安全风险防控体系，把工作着力点更多放在事前预防和源头治理上，不断增强高速铁路安全防护工作主动权。《办法》的制定颁布，是针对高速铁路安全立法的有益实践，促进了全社会对高速铁路安全的关注，对保障高速铁路安全具有重要意义。

专栏 3-2

山东省济南市打造"交通融合+"综合行政执法新模式

山东省济南市交通运输综合行政执法支队立足"放管服"改革，坚持共建、共治、共享的社会治理新理念，大胆先行先试，创新工作机制，积极融合智慧社区平台、运输企业平台及公安综合检查站执法平台，形成"源头执法、枢纽执法、联合执法"新格局，打造"交通融合+"综合行政执法新模式，破解综合执法难题。

利用遍布街道辖区的主要道路、十字路口、小区门口等重点部位的物联网、视联网监控系统，实现全天候执法监测，提高研判预警能力，锁定非法营运车辆聚集多发区域，予以提醒和警告，变末端处罚式执法为源头预防式执法。

结合机场片区及周边设置的视频监控系统，建立稽查管理平台，排查进出机场范围内的车辆，精准监控列入黑名单的非法营运车辆和有"黑车"嫌疑的车辆。一旦进入机场重点区域，系统马上报警提醒，执法人员立即精准布控，有效抑制非法营运行为发生。

依托综合检查站智慧执法平台，组建联合执法队伍，会同公安交警等部门，利用道路沿线监控设备对辖区内重点路段实施24小时不间断监控，重点加大夜间路面执法力度，保持联合治超高压治理态势。

专栏 3-3

中国民航在立法层面进一步规范安全管理体系，实施"以审促建"

中国民航的安全管理从早期的经验管理向系统化、科学化的方向不断发展，"十三五"期间，构建了清晰的安全管理法规体系。

为体现中国民航对于安全管理体系的一致性要求，借鉴国际民航公约附件19《安全管理》的做法，建立了统领民航安全管理的专门规章《民用航空安全管理规定》（CCAR-398），明确我国民航安全管理的框架和原则性要求，与其他相关规章共同构成我国民航安全管理的通用性加特殊性规范体系。规章中明确民航生产经营单位必须在安全管理体系（Safety Management System，SMS）（或等效的安全管理机制）、安全绩效管理、安全管理制度、人员培训、事故和事故征候处理、安全数据和安全信息的利用等方面满足相关要求。

经过多年的探索和实践，中国民航的安全管理体系建设、实施工作取得了阶段性成果，并在民航安全生产工作中发挥了积极作用。民航生产经营单位普遍建立了安全管理体系。局方持续开展安全管理体系审核，推动安全管理体系落地和监管方式转变，基于安全管理体系成熟度、规章符合程度和安全运行监察绩效，建立航空公司差异化精准安全监管工作机制，有助于提升行业安全监管效能，逐步缓解监管力量不足的问题。

同时，以安全管理体系的组成要素——安全绩效管理为抓手，推进基于过程的安全管理。中国民用航空局发布《安全绩效管理推进方案》和《民航生产经营单位安全绩效管理指导手册》，分三个阶段在行业全面推行安全绩效管理。通过实施安全绩效管理，中国民航企事业单位实现了安全风险管理的落地，从定性分析转向定量分析，对运行过程进行风险监控，有力促进了安全主体责任落实。

中国民航在安全管理体系领域所做的努力和取得的成绩得到国际民航界的高度关注和一致好评。

专栏 3-4

《快递暂行条例》

《快递暂行条例》立足于守住安全底线，规定了一系列安全制度，包括寄件人交寄快件和企业收寄快件应当遵守禁止寄递和限制寄递物品的规定；要贯彻落实法律规定的实名收寄制度，执行收寄验视制度；经营快递业务的企业可以自行或者委托第三方企业对快件进行安全检查等。

《快递暂行条例》坚持将安全作为前提和基础。针对快递服务点多、线长、面广的实际情况，根据快递操作过程中人货分离、递送便捷的特点，注重在提高人防、技防、物防的基础上，优化、实化、细化快件收寄验视、实名收寄、过机安检制度，增加数据安全管理制度，强化安全生产制度。一是在收寄验视和安检操作方面，要求企业必须作出验视标识和安检标识，明晰了企业在安全操作中的责任。二是在实名收寄方面，要求用户提供身份信息，对拒不提供身份信息或者身份信息不实的，企业不得收寄，在不降低安全防范水平的前提下，减少了开展实名收寄的压力和阻力。三是在安全检查方面，允许企业根据自身情况选择自行安检或者委托安检，有利于节约资源、提高效率，提升安检操作的专业化水平。四是在快递运单和电子数据管理方面，明确要求妥善保管电子数据、定期销毁运单，并设定了处罚措施，赋权国务院有关部门制定具体办法。五是在安全生产方面，重申企业应当建立健全安全生产责任制，要求企业制定应急预案，定期开展应急演练，发生突发事件妥善处理并向邮政管理部门报告。

第四章

不断完善双重预防机制

党的十八届三中全会通过的《中共中央关于全面深化改革若干重大问题的决定》指出，建立隐患排查治理体系和安全预防控制体系，遏制重特大安全事故。党的十九大将防范化解重大风险摆在打好三大攻坚战的首位，2019年1月习近平总书记在省部级主要领导干部专题研讨班开班式上指出，坚持以新时代中国特色社会主义思想为指导，全面贯彻落实党的十九大和十九届二中、三中全会精神，深刻认识和准确把握外部环境的深刻变化和我国改革发展稳定面临的新情况新问题新挑战，坚持底线思维，增强忧患意识，提高防控能力，着力防范化解重大风险，保持经济持续健康发展和社会大局稳定，为决胜全面建成小康社会、夺取新时代中国特色社会主义伟大胜利、实现中华民族伟大复兴的中国梦提供坚强保障❶。

为深入贯彻落实习近平总书记关于风险防范的重要指示，交通运输部党组提出了防范化解安全生产重大风险的有关要求，交通运输行业出台了加强安全生产风险管理工作系列举措，全面系统分析交通运输行业面临的重大风险，明确风险管控重点，初步建立风险管理机制和防控体系，隐患排查治理取得新进展，行业安全生产管理水平得以逐步提高。

一 / 完善双重预防体系

完善风险管控和隐患排查治理制度。围绕防范重特大事故，交通运输行业积极构建双重预防体系，建立企业安全生产风险报告制度，规范企业安全风险辨识、评估、管控、报告工作，强化隐患排查治理，督促企业落实风险防控和隐患排查治理责任。

---

❶ 出自《人民日报》（2019年01月22日01版）。

国家铁路局印发《铁路安全生产专项整治问题隐患和整改措施责任清单》，中国国家铁路集团有限公司制定了《关于构建安全风险管控和安全隐患排查治理双重预防机制的指导意见》《安全双重预防机制工作指南（试行）》，各级地方人民政府根据《国务院办公厅关于印发交通运输领域中央与地方财政事权和支出责任划分改革方案的通知》规定，明确铁路安全隐患排查整治牵头部门，建立健全排查治理长效机制，组织实施"双段长"制，落实地方政府属地管理责任。公路水路领域制定了《公路水路行业安全生产风险管理暂行办法》《港口安全生产风险辨识管控指南》，修订发布了内河禁运危险化学品目录，建立了港口危险货物集中区域安全风险评估、重大危险源管理等制度。印发了《公路水路行业安全生产事故隐患治理暂行办法》《城市轨道交通运营安全风险分级管控和隐患排查治理管理办法》等规章制度，进一步完善了行业重大事故隐患排查治理工作的规范化、标准化、制度化管理。民航领域建立并落实隐患排查治理长效机制，发布了《民航安全隐患排查治理工作指南》及《民航安全隐患排查治理长效机制建设指南》。制定《大型民用运输机场运行安全保障能力综合评价管理办法》，将机场原因造成的航班延误纳入评价体系，并调整相关评价指标的权重，进一步督促机场及驻场单位提高地面保障资源调配能力，提升机场保障航班能力。全面启动中小机场安全保障能力专项治理，制定并发布《运输机场机坪运行管理规则》，进一步规范机坪运行管理秩序。邮政领域将邮件快件寄递安全作为风险防范重点，形成以收寄验视、实名收寄、过机安检"三项制度"为主的寄递安全防控模式，并纳入《中华人民共和国反恐怖主义法》，上升为国家意志予以强制规范。将"三项制度"作为加强寄递安全管理的主要抓手，严促落实收寄验视责任，积极推进安检设备配置管理，推动实名收寄制度落实和信息系统应用。部署开展专项整治活动，强化危险违禁物品寄递安全管控，督促企业将实名收寄嵌入前端操作流程，确保制度有效落实。

健全风险管控和隐患排查治理标准体系。逐步制定完善安全风险管控和隐患排查治理的通用标准，按照通用标准规范，分行业制定安全风险分级管控和隐患排查治理的制度规范，逐步实现统一、规范、高效的安全风险管控和隐患排查治理双重预防机制。国家铁路局组织研究制定《铁路交通重大事故隐患判定标准》等相关隐患排查标准。公路水路领域出台了《公路水路行业安全生产风险辨识评估管控基本规范（试行）》《危险货物港口作业重大事故隐患判定指南》《水上客运重大事故隐患判定指南（暂行）》，进一步推进了风险管理工作的制度化、规范化。民航领域修订了《民用航空器事故征候》标准。

安全风险管理能力不断加强。建立运行风险管控系统，发布预警警示信息，行业安全风险预警机制进一步完善，安全风险防控长效机制进一步健全。铁路领域针对关键设备、场所和岗位，建立健全分级管控和安全风险预测分析制度，采取有效的技术、工程和管理控制措施，加强新设备、新材料、新工艺的安全风险评估，强化设备设施的源头、过程质量控制，严格铁路施工、维修、设备制造、新线开通、危险货物运输等关键环节安全管控，以确保高速铁路列车和旅客列车为重点，聚焦高速铁路、长大桥梁、长大隧道等安全风险，完善优化并严格落实设备设施的运用管理及养护维修制度，优化生产组织和劳动组织。公路水路领域印发《交通运输领域安全生产重大风险防控任务分工方案》，进一步明确安全生产风险管控责任。发布了《关于加强交通运输领域安全生产重大风险防控的通知》，提出7个重大风险领域的24个风险点。民航领域明确将运行风险管控作为运输航空公司运控建设的根本要求。35个机场实现机坪管制移交，提高了机场机坪运行管理能力。成立民航局跑道安全领导小组，完成中国民航跑道安全规划修订工作。

专栏 4-1

公路水运工程建设领域制定了一系列
安全风险评估指南

公路水运工程建设是我国交通运输行业较早开展安全风险评估的领域，交通运输部先后制定了《公路桥梁和隧道工程设计安全风险评估指南（试行）》《公路桥梁和隧道工程施工安全风险评估指南（试行）》《高速公路路堑高边坡工程施工安全风险评估指南（试行）》《港口工程施工安全风险评估指南（沿海码头、护岸及防波堤分册）》等一系列安全风险评估指南，在初步设计和施工阶段实行安全风险评估制度，推动行业安全管理方式由传统的事故管理向风险管理转变，由被动堵塞漏洞向主动预防控制转变。

专栏 4-2

民航领域不断加强宏观调控力度，确保民航安全
运行平稳可控

研究制定了确保民航安全运行平稳可控的9个方面26项举措，逐项狠抓落实。保持"控总量"的定力，确保运行增量与综合安全保障能力的提升总体匹配，严把新设运输航空公司安全准入关。基于航空公司征候万时率、行政处罚等情况，"十三五"期间拒批多家运输航空公司的分公司设立。保持"调结构"的耐力，始终坚持把航空公司、机场、空管单位的安全状况与保障能力作为航班时刻、航线资源分配和机场容量增减的重要依据，鼓励安全综合保障能力好的企业优先发展，提高安全发展质量。综合分析国际国内经济社会发展形势及航空市场需求，充分考虑航空安全、人员实力、机场保障及空域资源和空管能力等行业资源保障能力，编制"十三五"运输机队规划。建立机队规划指标"奖优罚劣"机制，奖励先进与督促后进相结合，引导航空公司提升安全水平和运行品质，为行业机队安全高质量发展发挥了积极作用。严控换季期间航班增量，严格审核协调机场飞行计划，严禁超容量编排计划和超负荷运行。

风险试点工作有效开展。为推进交通行业安全生产风险管理工作，公路水路领域发布了《交通运输部关于推进安全生产风险管理工作的意见》，全面部署了公路水路领域安全生产风险管理工作，以建设"平安交通"为总目标，推动建立交通运输安全体系，推进隐患排查治理体系和风险预防控制体系建设，推动交通运输企业安全生产诚信建设。全国交通运输系统开展了安全生产风险管理试点工作，在全国选取了包括管理部门、各领域企业和项目建设单位共28家试点单位开展了风险管理试点工作，试点建立安全风险管理机制，编制安全生产风险辨识手册与评估指南，开展安全生产风险源辨识、评估，确定安全生产风险源等级，制定风险源、关键岗位人员防范管控措施。民航领域持续开展安全管理体系审核以及运输航空公司差异化精准分级分类管理试点。

三　推进重点领域专项治理

完善隐患排查治理体系。加强行业重大隐患清单化管理，建立问题隐患和制度措

施"两个清单"，明确整改措施和整改要求，开展行业安全大检查，对突出隐患问题实施挂牌督办，紧盯隐患不放，全面排查、及时治理消除事故隐患，对隐患排查治理实施闭环管理。铁路领域紧盯高速铁路运营和旅客安全，围绕运输高峰期、恶劣气象条件、国家重大活动等运输关键时期，针对事故暴露出来和监督检查发现的工程源头质量、铁路专用设备关键部位质量、铁路危险货物运输、公路水路与铁路并行交汇、铁路路外伤害、沿线安全环境等带有普遍性、倾向性的重点安全问题，开展集中式、专项式和常态化相结合的隐患排查治理工作。公路水路领域组织开展安全生产风险防控和隐患排查治理百日行动，涵盖道路运输和城市客运、水路运输、港口生产、公路路网运营、公路水运工程施工防灾减灾6个方面共15项风险防控和隐患排查工作的具体内容。开展港口危险货物安全监管职责情况专项督查，推动集中区域风险评估。民航领域加大隐患排查治理力度，对安全保障能力不足、安全问题突出的部分航空公司以及中小机场采取运行限制。按照符合国际惯例的航空安全保障要求，及时对香港国泰航空发出重大安全风险警示并采取有力措施，有效防控涉及内地的输入性安全风险。邮政业突出寄递领域实名收寄、涉枪、涉爆、涉毒等专项治理，防范化解重大风险。

隐患排查专项整治行动有序开展。以建设"平安交通"为总目标，开展安全隐患排查治理和专项整治行动，有效防范和坚决遏制重特大事故发生。充分发挥群众监督的作用，加强舆论引导，动员、鼓励全社会关注和参与隐患排查治理工作。公路水路领域加强监督检查与执法，部署开展了重点领域专项整治行动。会同国家铁路局、中国国家铁路集团有限公司联合印发了《船舶碰撞桥梁隐患治理三年行动实施方案》，组织各地对桥区水域航道、水上交通和桥梁开展了安全风险隐患排查治理。印发《交通运输部关于加强通航建筑物和航运枢纽大坝运行安全管理的意见》，并结合安全生产三年行动深入开展了航运枢纽大坝除险加固专项治理行动。印发《危险货物港口作业安全治理专项行动方案（2016—2018年）》，部署21项任务，系统开展危险货物港口安全治理，全方位夯实安全生产基础，加强对下级管理部门的指导督促，逐级抓好落实。开展公路安全生命防护工程和危桥改造督查，会同公安部开展规范公路治超执法专项整治，组织公路水运建设工程质量安全隐患大排查大整治和电气火灾综合治理专项活动，开展国庆前交通运输安全生产和运输服务综合督查及港口危险化学品安全生产专项检查，组织道路运输安全专项调研督导。邮政领域开展涉枪涉爆专项整治、涉恐隐患排查治理、易制爆危险化学品和寄递安全清理整治等专项行动，全面实施"双随机、一公开"监管。

专栏 4-3

各领域积极开展安全生产专项整治三年行动

国家铁路局、公安部、住房和城乡建设部、交通运输部、农业农村部、应急管理部和中国国家铁路集团有限公司联合印发《铁路安全生产专项整治三年行动计划实施方案》，重点开展铁路沿线环境安全专项整治、铁路危险货物运输安全专项整治、公路水路与铁路并行交汇地段安全专项整治和铁路路外伤害安全专项整治。公路水路领域开展了安全生产专项整治三年行动工作，成立了安全生产专项整治三年行动领导小组和工作专班，问题隐患和制度措施"两个清单"指挥棒作用初显，各部门各地方充分挖掘和发挥问题隐患和制度措施"两个清单"在三年行动中的重要基础性作用，把制定落实"两个清单"作为贯彻落实三年行动全过程的"牛鼻子"工程。民航领域安全生产专项整治三年行动的总体工作部署在国务院安全生产委员会办公室新闻信息简报中得到肯定，依托国务院安全生产委员会办公室构建专班工作机制，研究安全议题，健全信息报送制度，在政务平台开设专栏，跟踪督办、挂图作战，持续改进和提升专项整治工作。邮政领域部署开展安全生产专项整治三年行动，统筹推进场所隐患排查、分拣设备作业安全管理、快递末端车辆管理、收寄危险化学品和野生动物整治等专项行动，聚焦重点难点问题加大专项整治攻坚力度。与公安、网信、海关、市场监管等部门联合印发文件，开展打击整治网售仿真枪违法犯罪专项行动。发挥跨部门情报导侦作用，精准打击寄递渠道安全违法行为。

四 加强事故教训汲取

开展重特大事故"回头看"。按照国务院安全生产委员会办公室要求，组织开展重特大生产安全事故整改措施落实情况"回头看"，对照事故调查报告提出的整改措施，逐条评估落实情况，查遗补漏解决了一批落实不彻底、不到位的具体问题。

加强生产安全事故调查分析。推进建立安全生产事故（险情）技术原因深度调查分析机制，分析查找近年来发生的典型安全生产事故原因及暴露出的问题，深刻汲取事故教训，举一反三，以案示警，制定有效整改措施，逐项抓好整改落实，并实施情况评估。

开展典型事故案例分析。开展交通运输生产安全典型事故案例分析，编写典型事故案例集，深刻剖析事故发生的深层次原因，查找制约安全发展的共性问题和顽症痼疾，及时制修订法规制度、标准规范和安全管理政策，有针对性地强化安全生产基础工作，有效防范同类事故再度发生，构建安全生产管理长效机制。交通运输部与国家铁路局、中国国家铁路集团有限公司开展京广高速铁路安全环境综合整治，通过分析重特大事故案例，印发生产安全事故警示通报。民航充分发挥事故评估机制的作用，对埃塞俄比亚航空公司半年内发生的两起坠机空难事故进行分析，评估了波音737MAX8存在的问题，2019年从航空安全技术标准出发，果断停止波音该机型在中国的商业运行，消除了当时最突出的重大安全隐患。邮政领域开展安全事故案例分析，总结归纳邮政快递业整体安全情况，梳理安全事故多发点、易发点以及监管部门查处经验，不断强化邮政企业、快递企业安全生产水平和邮政管理部门监管执法水平。

提升安全警示教育质效。加强案例警示教育，编制警示教育片，推进交通运输安全警示教育基地建设。通报典型交通安全事故案例，开展针对性教育和预警提示和警示通报，对发生的重特大事故开展分析，及时发布警示通报，对行业防范类似事故提出要求，敲响防患于未然的警钟，督导企业负责人严格落实交通运输安全生产主体责任，警示教育广大从业人员强化安全生产意识。

第五章

加强安全基础保障能力建设

习近平总书记多次提出强化安全生产基础能力建设。2016年1月，习近平总书记在中共中央政治局常委会会议上讲到重特大突发事件，不论是自然灾害还是责任事故，其中都不同程度存在主体责任不落实、隐患排查治理不彻底、法规标准不健全、安全监管执法不严格、监管体制机制不完善、安全基础薄弱、应急救援能力不强等问题❶。

"十三五"期间，交通运输行业十分注重科技对安全发展的支撑保障能力，大力实施科技兴安，逐步夯实交通基础设施安全水平，运输装备安全性能显著提升，从业人员安全技术水平显著加强，基础薄弱的状况得到明显改善，交通运输行业在安全生产支撑保障能力方面取得了卓越成效。

一 / 强化科技支撑保障

交通运输行业不断强化安全科技支撑体系建设，加强安全新技术、新装备的研究和应用，依靠技术创新、科技赋能，提升了铁路、公路、水路、民航、邮政等各领域的安全管理水平，有力确保了交通运输行业安全稳定。在安全应急领域，开展交通运输系统安全、基础设施安全、运输组织安全和应急保障等方面的共性关键技术研发，长大隧道运行安全、深远海交通通道建设与应急保障、轨道交通运营安全保障、500米以浅水下救援打捞、10万吨级沉船整体打捞等关键技术瓶颈取得重大突破，不断提升交通运输安全生产水平，为打造平安交通提供了技术支撑。

铁路总体技术水平迈入世界先进行列。高速、高原、高寒、重载铁路技术达到世界领先水平。自主研制具有世界领先水平的时速350公里复兴号动车组，在关键部件和

---

❶ 出自《人民日报》（2016年01月07日01版）。

核心软件上实现重要突破，利用动车组监测检测技术创新应用，不断提高动车组安全水平。通过大数据、云计算等新技术研究应用动车组故障预测与健康管理（Prognostics Health Management，PHM）核心功能，对动车组进行故障预测、预警，提升了安全可靠性。开展高速铁路列车自动驾驶关键技术研究，形成相关技术规范和系统装备，并在京沈、京张高速铁路试验试用。高速铁路列车自动运行（Automatic Train Operation，ATO）系统可实现时速350公里高速铁路在司机监控下的自动驾驶，减轻了司机的劳动强度。融合大数据、地理信息系统（Geographic Information System，GIS）、物联网、第五代移动通信技术（5G）、云计算、建筑信息模型（Building Information Modeling，BIM）等技术的北斗铁路行业综合应用示范工程正式启动，为铁路勘察设计、施工及运输安全提供技术保障。

大力推动车船监管技术进步。依托"全国重点营运车辆联网联控系统"，实现重点营运车辆驾驶员的动态监控。积极推动车辆偏离预警、自动紧急制动、智能视频监控等先进主动安全技术在营运车辆上推广应用，对驾驶员不安全驾驶行为和车辆不安全状态进行实时干预，提升道路运输事故防范能力。海事系统开展"智慧海事"建设，实现了区域性电子巡航、电子围栏划定、违章船舶电子取证、重点船舶追踪、辖区船舶动态监测等功能，提升水上交通安全监管能力。针对长江航运等重点领域，研究出台了具体措施，稳步推动北斗系统在交通运输行业实现全覆盖。海上搜救方面，联合开展了"基于北斗的海上搜救应用示范项目"建设和"北斗卫星搭载国际卫星系统载荷"论证工作，大力推进北斗系统在海上安全与搜救领域的应用，形成了我国海上遇险与安全信息接收与播发网络，有效保障了我国管辖水域及中国籍船舶在我国管辖海域以外的航行安全。完成长江数字航道"一主六分七中心，一图一站三平台"的成功建设，实现电子航道图在长江干线2628.8公里主航道的全线贯通，以及赣江、汉江1045公里电子航道图的"干支联动"。

深化交通基础设施建设和运行安全技术研究。印发《"平安百年品质工程"建设研究推进方案》，以品质工程为基础，聚焦长寿命耐久性，建立"平安百年品质工程"建设研究推进机制，明确重点任务、专业类别和推进方向，以推动交通基础设施耐久性安全性整体提升。研究制定了《公路水运工程淘汰危及生产安全施工工艺、设备和材料目录》，淘汰危及生产安全施工工艺、设备、材料总计29项，其中禁止类11项，限制类18项。不断提升安全生产科技创新能力，建设了交通运输安全应急信息技术国家工程研究中心、陆地交通地质灾害防治国家工程研究中心、在役长大桥梁安全与健康国家重点实验室、国家内河水运安全工程技术研究中心等国家级科技创新平台，在应急救助与抢险打捞、桥隧基础设施安全、道路交通安全、城市轨道交通运营安全、卫生防疫等方面建设了一批重点实验室和研发中心，基本形成了科研院所、高校、企业和社会各界多方参与、协同攻关的安全生产科技创新平台体系。完成"区域综合交通基础设施安全保障技术""涉水重大基础设施安全保障技术""交通运输基础设施施工安全关键技术与装备研究"等一批国家重点研发计划项目研究，研制桥梁、隧道、港口、综合客运枢纽等关键交通基础设施危险源辨识与风险评估、安全控制技术装备，跨江河湖海隧道、桥梁等涉水重大基础设施结构全寿命周期安全监测及管控技术装备，公路水运工程施工安全监测预警技术及平台装备，这些技术突破为保障交通基础设施建设和运行安全奠定了坚实的技术基础。

开展民航安全能力研究。不断加大资金支持力度，重点支持民航企业安全运行、安全技术应用、安全技术标准方案研究以及安全管理和应急救援体系建设等，有效提升民航安全运行管理水平。积极推进局方飞行品质监控基站建设，初步形成以运输飞机运行大数据为驱动的行业安全形势分析机制，提高形势研判、问题分析、预警警示和改进措施的科学性、针对性。组建了局方基站专家库，开展飞行品质监控统计分析和风险分析，发布风险预警。基于多维度大数据的飞行训练模式正式启动，"训练从运行要数据，运行从训练要安全"的双向互济格局初步形成。自主知识产权的防侵入技术取得突破，演示验证和飞行测试圆满成功。

民航新技术应用稳步推进。广播式自动相关监视系统（Automatic Dependent Surveillance-Broadcast，ADS-B）空管运行进入全面实施阶段。全面普及基于性能的导航（Performance Based Navigation，PBN）运行。平视显示系统（Head-up Display，HUD）应用步伐加快。发布《中国民航北斗卫星导航系统应用实施路线图》，北斗卫星导航系统在大型运输机上首次应用。推进通航北斗应用示范项目，开展西北地区应用试点。发布《机场新技术名录指南》，为机场新技术应用创造政策条件。继续推广应用高级场面引导与控制自动化系统（Advanced Surface Movement Guidance and Control Systems，A-SMGCS）。毫米波安全门、人脸识别自助验证闸机等新设备普及使用。

借助科技赋能实现现代信息技术与邮政安全生产深度融合。创立实名收寄、收寄验视、过机安检三位一体安全防控模式，全行业配备安检机1.7万余台，日均实名量3.1亿件，构筑寄递安全坚固屏障。2016年，国家邮政局申请实施邮政寄递渠道安全监管"绿盾"工程（以下简称"绿盾"工程），同步开展一期项目可行性研究。2017年9月，"绿盾"工程（一期）可行性研究报告获得批复，举全系统全行业之力推进工程实施。2020年，基本完成"绿盾"工程一期建设，建成北京、合肥"一主一备"两个现代化数据机房，建设278个安全监控中心，配备892套现代化执法装备和421套应急指挥设备，完成邮政管理系统信息基础设施底盘搭建。建成云计算平台、大数据管理平台和大数据中心，6大类22个应用系统上线试运行，基本实现动态可跟踪、隐患可发现、事件可预警、风险可管控、责任可追溯的"五可"目标。

开发了各类安全监管信息化系统。 开发并建成了交通运输部安全生产监管监察综合信息化系统，系统具备交通行业安全生产安全检查信息化、风险隐患上报、事故上报等功能，通过综合的数据分析与处理，实现了风险一张图，数据可视化的安全信息化监管。推动全国智慧路网监测平台建设，开展全国高速公路视频联网工程，打造"智慧监测"一张网，实时监测全国公路网、特大桥梁、长大隧道路况运行信息，建设了基于手机信令路网运行信息分析决策系统、全国高速公路视频调用系统、全国高速公路电子不停车收费清分结算中心系统，升级以GIS地图为基础的全国公路出行服务系统，联网监测系统建设，全国高速公路视频监测、交通流量监测、公路气象观测等设施设备逐步完善。开发应用手机版中国民用航空安全信息系统软件，快捷全面收集分析安全信息。完善民航行业监管执法信息系统（Supervision and Enforcement System，SES），加强监管系统整合数据汇聚和分析，总结监管内在规律，科学支撑领导决策，助力监督管理。按计划完成民航飞行标准监督管理系统（Flight Standards Oversight Program，FSOP）系统二期建设，目前已完成30余个子系统的建设工作，涵盖飞行标准安全监管的全部业务范畴。在全球率先推广飞行员电子执照，对行政审批事项全部采用网上审批，通过信息化的手段实现行政许可标准化，并且简化了程序，提高了效率。完成机场安全监管平台（Airport Safety Oversight Program，ASOP）的开发并推广应用，实现与SES的全面对接，有效提升了机场安全监管效能。启动机场安全监管系统二期项目，强化移动端应用和大数据管理，提高监督执法效能。引接3000万以上机场航站楼和飞行区视频监控信号，加强运行态势感知。搭建完成危险品航空运输信息管理系统，实现对危险品航空运输事件的收集，同时依托SES，对危险品航空运输相关企业存在的问题统计汇总，提升了危险品运输监管能力。建设邮政业市场监管信息系统，汇总分析邮政企业、快递企业运单数据，以提供各级邮政管理机构运行情况监测及预测预警，满足日常监管和执法需求，全面促进寄递企业提升服务质量。

专栏 5-1

北斗+5G 京沪高速铁路

全自动无人机智能巡检系统确保旅客安全

京沪高速铁路作为中国客流量最大、最繁忙的高速铁路线路，开通运营10年来，安全运送旅客13.5亿人次，全线累计行程超过15.8亿公里。京沪高速铁路采取多种高科技手段确保旅客安全，其中就包括基于"北斗+5G"的铁路全自动无人机智能巡检专用系统，目前这套系统在国内外是首次应用。搭载基于北斗+5G的铁路全自动无人机智能巡检专用系统的无人机从京沪高速铁路黄河特大桥下的移动全自动升降平台次序起飞，编组成无人机小集群，按照设定航线，对大桥钢结构进行自动巡检。无人机拍摄的照片、视频和其他检测数据能自动传回控制中心，后台软件对这些数据的变化自动比对、智能分析并识别出异常变化，对风险进行自动预警。在保证安全飞行的前提下，无人机运用北斗的高精度定位技术和5G实现了精准定位、自动巡检、多机联飞、智能分析、缺陷识别和风险预警，强化了高速铁路安全技防手段。

专栏 5-2

自动化集装箱码头提升港口安全作业水平

中远海运港口公司厦门远海自动化码头于2016年3月建成并投入运营，设计和建设运用了云计算、无线通信、自动导航定位、智能识别、无人自动化设备、锂电池供电驱动等最新技术和装备，研发了国内首创国际先进的自动化码头装卸综合控制与管理协调，解决了装卸设备与码头管理系统信息交互、码头作用多重管控模型解算、智能道口无人监管等技术难题。

山东港口集团青岛港全自动化集装箱码头，首创了自动导引车循环充电、大型设备"一键锚定"、机器人拆装集装箱旋锁等十余项技术，连续6次打破由自己保持的自动化码头装卸效率世界纪录，为全球提供了低成本、短周期、全智能、高效率、更安全、零排放的全自动化码头建设"中国方案"。

上海洋山港四期自动化码头总用地面积223万平方米，共建设7个集装箱泊位、集装箱码头岸线总长2350米，首次采用中国自主研发的自动化作业系统，衔接上海港的各大数据信息平台，实现了码头主要业务环节生产调度自动化。码头配有26台岸桥、119台轨道式起重机、135台自动导引运输车（Automated Guided Vehicle，AGV）、4台轮胎式起重机，是全球单体最大的全自动化码头，也是全球综合自动化程度最高的码头。

自动化码头生产作业都是在智能化生产系统统一调度指挥下自动运行，由智能算法计算确保效率，在新冠肺炎疫情防控新常态下，自动化码头不仅以无人化确保了防疫要求，而且实现了安全高效生产，大大提高了港口集装箱作业安全水平。

专栏 5-3

民航领域科技创新转化成果丰硕

国产飞行校验系统获得2019年国家技术发明一等奖。国产"1：1"真机比例的真火实训系统投入使用，填补国内空白。中电科获颁首张地基增强系统（Ground-Based Augmentation Systems，GBAS）设备许可证，空管设备国产化实现新突破。自主研发的高速行李自动分拣系统成功中标北京大兴国际机场项目。腾冲、林芝、攀枝花和临沧4个机场加装特性材料拦阻系统（Engineered Materials Arresting Systems，EMAS）。使用国产生物航油实现跨洋载客飞行。开展云雾雷达、激光雷达等新技术验证，建成面向航空安全的气象大数据共享服务云平台。全球航班追踪监控系统在20家航空公司和35个机场投入使用。开展锂电池货物航空运输起火燃烧防护技术研究和试验验证，锂电池起火应急箱、首款国产机载手提式灭火器投入应用。

专栏 5-4

寄递渠道安全监管"绿盾"工程

以"互联网+"安全监管建设为主线，以建立大数据平台为核心，全面提升邮政管理部门技术检查、监测预警、案件查处、执法监督、应急处突、检测认证等方面基础能力，实现邮件快件寄递"动态可跟踪、隐患可发现、事件可预警、风险可管控、责任可追溯"。

建设"一中心两平台"，即：寄递渠道安全监管中心、寄递渠道安全执法支撑平台、寄递渠道安全检查支撑平台。建设寄递渠道安全监管中心。完善国家邮政局、11个省级邮政管理局的安全监控和管理中心，新建20个省（自治区、直辖市）邮政管理局、357个市（地、州、盟）邮政管理机构安全监控和管理中心，覆盖主要快递企业的重要转运中心和营业场所。建设安全监督执法平台，覆盖31个省（自治区、直辖市）邮政管理局、357个市（地、州、盟）邮政管理机构，完善一线执法人员移动执法、安全检测、应急处置等装备配置，新建1个安全执法综合实训基地。建设安全检查监管平台，覆盖15家主要寄地企业的省市两级转运中心，购置安全检查装备，新建1个安全设备认证检测基地。

二 提高基础设施安全水平

基础设施构成了交通运输网络，是人民群众出行的生命线，交通运输行业高度重视基础设施安全水平的提升，在铁路行车基础设施安全、公路水路危桥改造、农村公路建设、农村邮政基础设施等领域取得了突出的成绩。

稳步提升铁路行车基础安全水平。轨道无缝化、重型化取得显著进步，正线无缝化率达93%，60千克/米以上钢轨正线铺设长度占比达95%，高速铁路正线无砟轨道铺设长度占比达55%，高速铁路桥隧占比达70.5%，普速铁路桥隧占比达到15%。自动闭塞设备占比达到62.4%，计算机联锁车站占比达到78.4%，铁路数字移动通信系统（Global System for Mobile Communications-Railway，GSM-R）无线网络覆盖线路达到6.5万公里，铁路骨干传输网全部建成，自主化列车自动保护系统（Automotive Train Protection，ATP）、无线承载控制（Radio Bearer Control，RBC）设备、中国列车控制系统第3级（China Train Control System，CTCS-3）+ATO自动驾驶等技术得到长足发展。电气化铁路营业里程突破10万公里、位居世界第一，形成了能够满足动车组3分钟追踪、持续双弓稳定受流和安全可靠运行的供电能力，建成了世界上规模最大的数据采集与监视控制（Supervisory Control and Data Acquisition，SCADA）系统，简统化接触网、无人化变电所、智能牵引供电系统等新技术新装备逐步推广应用，抗击外部风险能力不断提升。

铁路检测维修装备快速发展。研制了双动力钢轨打磨车、道岔大部件更换车组、隧道桥梁清筛机、接触网综合维修列、多平台作业车等新装备，初步形成了较为完整的养护维修机械化系列。各专业检查车和高速综合检测列车装备水平得到长足发展，研制配备了综合巡检车、钢轨探伤车和运营列车在线检测装备，建立了工务8M、供电6C、通信网综合网管、信号集中监测等专业监测体系，形成了一套行之有效的检测监测数据分析、应用技术手段和制度办法。探索形成了高速铁路、重载铁路、高原高寒铁路设备养护维修技术体系，健全完善了线路轨道不平顺质量指数（Track Quantity Index，TQI）、接触网静态质量指数（Catenary Static Quantity Index，CQI）和接触网动态性能指数（Catenary Dynamic Quantity Index，CDI）等设备质量评价指标体系。

筑牢铁路外部环境安全防护屏障。加强防护栅栏（时速120公里以上地段全封闭）、上跨下穿铁路和公铁并行地段等防护设施建设，打造过硬的安全防护屏障。加大道口"平改立"力度，减少路外伤亡安全隐患。中国国家铁路集团有限公司及控股合资公司完成线路封闭3805公里、道口平改立2567处，其中正线道口平改立2555处。有人看守道口安装视频监控956处，实现全覆盖，安装道机联控620处。完成栅栏封闭5919公里，其中列车运行时速120公里及以上线路3551公里，基本实现干线铁路全封闭、全立交。新增限高防护架数量6078处。

加大防洪预抢工程投入，提升抗洪防灾基础能力。实施了成昆线K310山体崩塌段改线、沈吉线水害整治改线、陇海线云田乡至通安驿路基病害地段改建、夹北线大山一号、二号特大桥改建等病害整治工程。环境安全和自然灾害监测能力不断加强，健全完善高速铁路自然灾害及异物侵限监测等安全保障系统，开展高速铁路地震监测预警系统、周界入侵监测系统、减灾处置系统应用深化研究。开发完善高速铁路视频监控设备夜视功能，逐步实现对高速铁路沿线重点部位的大风监测、雨量监测、雪深监测、异物侵限监测、地震监测。同时加强高速铁路车站和高速铁路列车视频监控。

提升在役公路交通基础设施安全耐久和服务水平。"十三五"时期，累计实施公路安全生命防护工程93万公里，改造危桥3.4万多座。印发《公路长大桥隧养护管理和安全运行若干规定》《关于进一步提升公路桥梁安全耐久水平的意见》，部署开展公路危旧桥改造和公路长大桥梁结构健康监测系统建设，组织实施在役公路隧道提质升级行动，与公安部联合开展公路隧道风险防控专项行动，全面提升在役公路桥隧运行安全和服务水平。加强公路重点路段和设施整治攻造，组织实施公路交通标线质量控制、公路隧道入口行车安全提升、公路桥梁安全防护和公路连续长陡下坡路段安全通行能力提升、公路独柱墩桥梁运行安全提升等专项行动，有效保障了公路行车安全。开展"坚守公路水运工程质量安全红线"专项行动，强化公路水运工程建设质量安全意识和关键环节控制，严肃查处违法违规行为。深入开展货车超限超载治理，指导29个联网收费省（自治区、直辖市）建设了11401套入口称重检测系统，全面实施高速公路入口治超，违法超限超载率大幅下降。

专栏 5-5

"平安工地"建设长效机制初步建成

印发《公路水运工程平安工地建设管理办法》《关于进一步推进公路水运工程

"平安工地"建设的通知》等制度文件，完善公路水运工程平安工地建设顶层设计；修订了《公路水运工程平安工地建设考核评价指导性标准》，优化了平安工地考核评价机制；开发"公路水运工程平安工地建设管理信息系统"，实现平安工地建设及考核管理工作全国一盘棋。公路水运平安工程冠名工作列入第二批全国创建示范活动保留项目目录，联合应急管理部、中华全国总工会开展了2016—2020年度公路水运工程建设项目的"平安工程"冠名工作，对125个公路工程项目和29个水运工程项目予以冠名，充分发挥了"平安工程"的示范引领作用。

强化农村交通基础设施建设。 结合交通运输脱贫攻坚工作要求，持续加大车购税资金对贫困地区的投入力度，分省细化贫困地区年度建设任务，分轻重缓急扎实推进实施工作，急弯陡坡、临水临崖等安全风险等级较高、通客运班车等交通量较大的路段予以优先实施。积极推动"四好农村路"高质量发展，基本实现了具备条件的乡镇和建制村通硬化路、通客车，农村"出行难"成为历史。截至2020年底，全国农村公路总里程超过438万公里，等级公路比例达到94.8%，路网结构持续优化；农村公路优良中等路率达到84.8%，路况水平不断改善。实施"十三五"西部和农村地区邮政普遍服务基础设施建设项目，改造乡镇局所和危旧县局房5259处、更新和新增车辆11222辆。累计建设农村邮乐购站点35.5万个。印发推进智能快件箱（信包箱）建设指导意见，推动纳入新型城镇化政策范畴，累计建成快递末端公共服务站10.9万个，布放智能快件箱（信包箱）33万组，超过300个城市已出台车辆通行政策。

三　提升运输装备安全性能

运输装备是交通运输的载体，也是交通运输安全的基本保障。交通运输行业不断提升运输装备安全性能、加强装备的技术创新，推进车船标准化、淘汰老旧车船，自主研制大型客机，全国快递运力智能化不断提升，在运输装备水平的提升以及无人车、无人机等智能装备的应用上取得了长足发展。

铁路运输装备安全性能不断提升。 大力推广应用技术先进适用、绿色智能、安全可靠的新型运输装备，淘汰技术落后和老旧型机车、车辆等运输装备。加强机车、车辆等运输装备检修能力建设，提升检修现代化水平。强化车辆运行安全监控系统（5T）建设，推广安装应用无线调车机车信号和监控系统（Shunting Train Protecting，STP），行车装备监控检测水平不断提升。铁路装备发展坚持实施创新驱动发展战略，积极推动技術創新，形成了具有独立自主知识产权的高速铁路装备制造技术体系和系列化产品谱系，复兴号中国标准动车组实现时速350公里商业运营，时速600公里高速磁浮试验样车成功试跑，时速400公里可变轨距高速动车组正式下线，京张智能高速铁路投入运营。铁路大功率机车、重载车辆等装备水平大幅提升，智能化新技术应用不断创新。动车组网络系统国产化、软件自主化改造，使优化后的动车组可用性、可靠性得到了极大的提高。

车船标准化水平稳步提升。持续推进车型标准化、船型标准化，加快老旧车船更新改造工作。积极探索交通运输新业态安全源头管控，依法规范网约车平台运营，整合网络货运企业运力规模115万辆。淘汰不合规车辆3.2万辆，交通运输本质安全水平显著提升。拨付专项资金，实施内河船舶标准化和农村老旧渡船更新奖励，开展老旧船舶改造和单壳油轮提前报废更新政策，拆解改造安全环保性能差的内河船舶3.2万余艘，更新农村渡船近3000艘，拆解老旧海运船舶500多艘，有力提升了船舶安全技术水平。提高道路运输装备标准化、专业化水平，客运车辆等级结构明显优化。

飞机适航水平进一步提升。C919大型客机开始试验试飞，AG600大型水陆两栖飞机完成首飞，国产民机搭载北斗导航系统试飞成功。完善适航审定管理体系，推进民航产品设计制造单位SMS建设试点。开展对商飞公司和西飞公司的设计保证系统的审查，有关航空产品研发设计单位正在按照规章要求建立健全设计保证系统。在适航审定中心设立西安审定中心专门承担新舟700飞机型号审定工作。对适航审定中心适航指令颁发和管理工作开展标准化调研和检查。为实现适航系统流程再造、审定全过程的统一管理，开展了适航审定运行管理系统（Airworthiness Management Operation System，AMOS）建设，知识库、注册/国籍单机和型号合格证三个成熟模块于2019年12月16日上线试运行。稳步推进无人机适航审定工作，探索了中国特色的无人机审定制度。无人机实名登记系统于2017年5月底上线。启动了无人机标准编制，完成了货运无人机标准编写工作。颁发了无人机适航审定白皮书，制定了基于运行风险的无人机审定原则，已正式开始了无人机适航审定工作。

快递基础装备加快配置。加快湖北鄂州、浙江嘉兴等国际枢纽建设，建成多个全国快递专业类物流园区。高速铁路快递取得重大突破，航空快递运能不断增强，全行业专用货机从71架增加到130架。人工智能、大数据、物联网、区块链和北斗导航等新技术新产品加快应用，全国配备全自动分拣系统的枢纽型分拣中心达374个。快递电子运单、循环中转袋基本实现全覆盖，绿色发展取得成效。

四　提升人员安全素质

深入组织开展从业人员安全生产教育培训。加强铁路从业人员安全教育培训，制定《铁路运输企业从业人员安全培训管理办法》，对管理和专业技术人员开展务实管用的专题培训。在安全管理、运输组织、动车车辆、通信信号等16个重点专业领域选拔专业领军人物、专业带头人和专业拔尖人才。深入扎实开展"安全生产年""安全生产月""道路运输平安年""世界海员日"等一系列形式多样、内容丰富的主题活动，建立实施港口危险货物从业人员技能竞赛常态化机制。不断完善抓基层、打基础、苦练基本功的长效机制，夯实安全运行根基。组织开展冬奥会公路项目和河北雄安新区公路对外通道建设项目打造品质工程示范创建培训班。深入开展"中国民航英雄机组"精神、工匠精神、手册文化等宣传教育，以"敬畏生命、敬畏规章、敬畏职责"为内核，大力弘扬当代民航精神，深入推进行业作风建设。联合邮政、快递物流等相关专业的院校在河北张家口、浙江杭州、福建福州、云南昆明建设安全教育培训基地，在四川广汉建设高级安全人才教育培训基地。2017年以来，多次组织开展邮件快件安检员教育培训，累计培训邮件快件安检员4573人，推动寄递安全"三项制度"严格执行，全面提升邮政企业、快递企业安检人员安全生产意识和操作技能。

开展安全生产宣传和知识普及。利用多种载体，广泛深入开展具有铁路特色的"安全生产月"和"安全生产万里行"活动和"平安高铁"普法专项活动，组织开展282场次"平安高铁"普法宣传活动，10.85万名师生及铁路沿线群众受到教育。推进普法宣传进企业、进农村、进社区、进学校、进家庭。在道路客运行业推行安全告知制度，向公众普及安全应急处置知识，充分发挥广大乘客监督作用。坚持"教会一个孩子、影响一个家庭、带动整个社会"的理念，联合教育主管部门，广泛开展水上交通安全和海（水）上搜救知识等安全进校园活动，安全教育的社会覆盖面得到扩大，"小手牵大手"的安全教育效果不断凸显。推动将交通安全纳入基础教育课程内容，提升全社会交通参与者的安全意识、技能及应急处置能力，努力营造"人人关注平安交通，全民推进平安交通"的氛围。行业媒体《中国交通报》和《中国水运报》在报纸重点版面积极宣传安全生产有关政策和各地落实举措，发挥部网站和微博、微信、快手、抖音等政务新媒体平台优势，通过策划短视频、直播、话题，全方位、多维度、立体式宣传交通运输安全生产工作举措与成效。

第六章

系统加强应急能力建设

习近平总书记在中央政治局第十九次集体学习时强调："应急管理是国家治理体系和治理能力的重要组成部分，承担防范化解重大安全风险、及时应对处置各类灾害事故的重要职责，担负保护人民群众生命财产安全和维护社会稳定的重要使命。要发挥我国应急管理体系的特色和优势，借鉴国外应急管理有益做法，积极推进我国应急管理体系和能力现代化。"❶

"十三五"时期，交通运输行业应急管理工作稳步推进，交通应急管理水平与应急能力得到了全面提升，交通运输应急预案体系趋于完善，交通运输应急体制机制逐步健全，交通运输行业在人命、环境和财产救助、在防范自然灾害、重大灾害抢通保通、疫情防控和重大社会活动保障方面发挥了重要作用。

一 完善应急预案体系与应急演练

推进交通运输应急预案体系全覆盖。铁路领域适应铁路体制改革，修订完善《国家处置铁路行车事故应急预案》，进一步研究厘清国家铁路局及地区铁路监督管理局与铁路运输企业、地方政府应急救援的职责和权限。中国国家铁路集团有限公司针对列车脱轨、列车火灾、列车大面积晚点、洪水大风冰冻灾害、机车车辆设备故障、接触网停电、建设工程生产安全事故等情况，加强情景构建，制定和完善了不同管理层级的应急预案，尤其是完善非正常行车情况下的应急处置，形成了应对铁路突发事件的应急预案体系。加强政府与企业间应急预案的协调和联动，把铁路突发事件的应急预案纳入地方政府的应急预案体系，实现应急救援的优势互补。建立应急准备能力评估和专家技术咨

---

❶ 出自《人民日报》（2019 年 12 月 01 日 01 版）。

询制度，对预案进行定期评估和修订完善。公路水运行业在已有《国家海上搜救应急预案》《国家城市轨道交通运营突发事件应急预案》两项国家专项应急预案的基础上，印发《国家重大海上溢油应急处置预案》，制修订《交通运输综合应急预案》《公路交通突发事件应急预案》《水路交通突发事件应急预案》等七项部门预案，进一步完善了交通运输部应急预案体系。民航领域印发《中国民用航空局处置民用航空器事故应急预案》，完成《国家高原（高高原）航空应急救援能力建设方案》及《民航高原（高高原）航空应急救援能力建设方案》送审稿。邮政领域启动邮政业突发事件应急预案修订和专项预案制订工作，印发《国家邮政业突发事件应急预案》（2019年修订）和《邮政业人员密集场所事故灾难应急预案》《邮政业运营网络阻断事件应急预案》《邮政业用户信息泄露事件应急预案》《邮政业重大活动期间突发事件应急预案》等专项应急预案，初步形成邮政业突发事件应急预案体系。

开展基于事故情景构建的各类应急演练。以防洪和客流集中高峰时段等为安全重点，铁路运输企业适时组织开展脱轨、火灾等各类突发性事件应急救援演练，检验和改进应急预案，提高工作人员应急处置能力和安全意识。组织有针对性地开展高速铁路新线开通、除雪打冰、防寒过冬、空调失效、动车组区间救援、隧道内救援、高坡地段救援等突发事件应急处置演练，有效应对了各种台风、暴雨、暴雪等恶劣天气。有针对性地进行不同场景下救援脱轨动车组的实战演练，结合值乘机车类型、运行环境等情况，细化完善桥梁上、电网下、大坡道、高路堑、小曲线等各种条件下的救援起复方案。开展铁路重特大交通事故情景构建，提升事故先期处置和自救互救能力。联合上海、广东、海南、广西等地人民政府及卫生健康委、农业农村部、中华人民共和国中央军事委员会联合参谋部等单位，举办客船遇险、海上溢油应急处置、海上紧急医疗救援、渔业水上突发事件应急、军地联合搜救等不同科目大规模国家级演习或专项演练，提升应急力量实战能力。联合武警交通部队等单位以及地方政府，先后在福建、四川、江苏、西部地区等举办以"公路交通军地联合应急""交通运输系统应对地质灾害""交通运输系统防抗洪涝灾害""道路运输应急保障""高速公路隧道事故应急处置"等为主题的应急演练。开展民航事故应急预案桌演、海上搜救及调查联合演练。以"敬畏2020"为主题的民航史上最大规模应急救援综合演练顺利实施。加强邮政快递业应急演练规范化研究，深入调查掌握2016—2020年各级邮政管理部门、邮政企业、快递企业应急演练开展情况，分析存在的问题，为进一步规范邮政快递业应急演练工作奠定坚实基础。

　　健全应急管理体制。推进铁路应急救援管理体制改革，强化地方政府的行政管理职能与法定主体职责，提高组织协调能力和现场救援时效。推进铁路应急救援联动指挥平台建设，完善现场救援统一指挥机制，规范救援管理程序，强化各级救援机构与事故现场的远程通信指挥保障。中国海上搜救中心和中国海上溢油应急中心各项制度不断完善，沿海沿江各省市水上搜救机构逐步健全，水上搜救体系建设稳步推进，管理运行制度化、队伍装备正规化、决策指挥科学化、理念视野国际化、内部管理窗口化建设均取得显著成效。公路应急管理体系不断调整和完善，依托现有行政管理体制职责分工和管理格局，已初步建立了责任明确、分级响应、条块结合、保障有力的应急管理体系。结合安全专项督查，推动民航机场应急救援纳入地方人民政府应急管理体系，强化地方人民政府与外部支援力量在机场应急救援中的作用。

　　建立健全应急管理机制。交通运输部应急工作领导小组强化组织领导，加强顶层设计，组织制定部应急工作相关政策、预案、制度和办法，统筹推进公路水路行业交通运输应急工作高质量发展，突发事件应急处置能力和特殊时段应急保障能力不断提高。建立企业与政府相关部门的应急安全信息通报、应急救援资源共享及联合处置机制，把铁路应急救援体系纳入地方政府应急救援体系中，合理调配社会应急资源，充分利用先进应急救援技术和设备器材，提高铁路应急救援处置效能。国家铁路局分别与中国气象局、中国地震局签署战略合作协议，中国国家铁路集团有限公司与应急管理部签署应急联动工作机制协议。充分发挥各自优势，深入推进资源信息共享机制、应急协同反应机制、应急能力建设机制和日常工作联络机制建设，共同提升应对重特大灾害和事故的能力。建立铁路值班电话与110报警服务台情况互通机制，推动上海、广东、四川、湖北等11个省（自治区、直辖市）将铁路安全报警电话纳入地方110应急处置联动系统。各地区铁路监管局和铁路局集团公司加强与属地人民政府气象、水利、自然资源、应急等部门的工作联系，与防汛抗旱指挥部、地震指挥部等机构建立了联系机制，强化对气象灾害预警信息的运用，关注辖区雨情、汛情、风情，实时接收气象、地震部门发布的恶劣气象条件预报、地震信息等，不断提升防灾减灾能力。充分发挥国家海上搜救和重大海上溢油应急处置部际联席会议制度优势，政府领导、统一指挥、属地为主、专群结合、就近就便、快速高效的工作格局已初步形成。加强与国务院办公厅、发展改革委、卫生健康委、应急管理部等相关部门在工作层面的沟通协作，推动邮政业应急管理工作融入国家应急管理体系建设大局，建立相应的信息报告和日常工作对接机制。健全安全生产和应急信息报告制度，全面规范安全信息报告工作。密切关注影响邮政业稳定运行的各类风险，加强风险提示，维护行业安全稳定运行。

三 提高应急救援能力水平

应急救援网络逐步完善。针对全国铁路路网结构，合理布局救援基地，配备救援列车车辆，配齐应急救援设备工具，在主要电气化区段动态储备内燃机车，在高速铁路配备热备动车组和内燃客运机车，在供电抢修基地配置接触网抢修列车。在无救援列车的编组站和车站成立事故救援队，配备简易起复设备和工具。无人机、车载监控和可视化通信技术装备水平不断提升，实现对现场实况全方位、多角度、立体化、局部放大等数据信息精准采集并快速传输，为应急指挥中心远程指挥能力提升奠定了基础。健全高速铁路应急救援网络，完善高速铁路应急救援预案和办法，配齐应急救援装备。研究开发在无砟轨道、高大桥梁、长大隧道情况下的动车组救援起复技术和装备，细化紧急情况下旅客疏散办法，定期开展高速铁路应急救援实操演练。民航领域通过下发一系列规定，指导各运行单位开展大面积航班延误处置，动态调整航班飞行计划，减轻运行保障压力。

应急装备设施逐步壮大。加快推进国家级区域性公路交通应急装备物资储备中心建设，各省市依托高速公路、公路养护单位或物资储备单位，建设省市两级公路交通应急装备物资储备点，国家、省、市三级公路交通应急储备体系初步形成。储备中心（库）在运营管理方面，探索出了一套"平急结合、应急为主"的运营管理模式。水上应急装备设施体系基本建成。一批专业救助船、救助直升机、抢险打捞船等装备设施相继投入使用，已形成了以大中型救助船舶、救助直升机、大吨位打捞船舶和饱和潜水设备为主力的应急装备体系，专业救助打捞船舶和救助航空器分别达到211艘、20架；积极推动长江万州、武汉、南京监管救助综合基地的建设，三沙海上救助中心在永暑礁挂牌成立。目前，在全国已形成了21处船舶救助基地、3处打捞基地、8处飞行基地的总体布局。应急保障力量已具备在9级海况下出动，在6级海况下实施有效救助的能力。饱和潜水作业深度达到300米，陆基实验深度达到500米。救助力量在沿海离岸100海里内应急到达时间不超过90分钟。重点水域一次溢油综合清除控制能力达到1000吨。"十三五"期间，搜救遇险人员69755人，搜救遇险船舶8222艘，搜救成功率达到

96.0%，打捞各类沉船75艘。民航领域探索开展区域应急救援资源支持保障中心可行性研究，完成对消防与应急救援实训基地论证选址、建设规模、运行模式等方面的研究工作。

加强应急救援队伍建设。应急队伍是应急体系中的攻坚力量，交通运输行业建立了各类专兼职应急队伍，强化应急人员的培训和演练，全面提升各类突发事件的综合应急救援能力。重点推进高速铁路人员快速搜救、仿真模拟、实训演练、通信指挥及决策、事故紧急医疗救援、危险品运输、应急物资装备运输及使用等救援能力培训工作。结合公路路网规模、结构、地域分布特点，以公路养护管理部门、路政管理部门以及日常养护队伍为基础，采取与专业公路养护工程企业签订应急处置协议的方式，构建了基层公路应急抢险保通队伍。加强航道维护能力建设，加强过船设施的运行管理，发挥设计、施工和运行维护人员在应急抢通中的作用，建立干线航道、港口航道、界河等疏堵保通专业应急队伍。根据邮政业实际情况及应急管理工作面临的新形势、新问题，结合国内外应急管理好的经验，参照具有相似特点的国内其他行业应急救援队伍建设情况，研究邮政领域应急救援需求、特点、流程，分析应急救援队伍定位、职责、建设和运行模式等，构建邮政业应急救援队伍建设思路。

专栏 6-1

"十三五"期间我国深远海救助打捞能力得到提升

我国专业救助力量能够在蒲福12级风力条件下出动，在蒲福9级风力条件下实施有效救助。救助飞机夜间能够执行一般海况下的有效救助任务，一般海况条件下在救助飞行基地覆盖海域，利用救助飞机实现离岸100海里以内人命救助应急到达时间不超过90分钟，人命救助成功率大于93%，我国60米以浅沉船整体打捞能力达到8万吨，系统内沉船整体打捞能力达到10万吨，我国饱和潜水作业深度达到500米，水下扫测定位和机械抢险打捞深度达到6000米，水下开孔抽油作业水深达300米。

在装备方面，我国设计建造了14000千瓦大型巡航救助船，具备水面遇险人员搜寻救助、深远海遇险船舶拖曳救助等功能，可搭载300米饱和潜水和援潜救生装备、6000米级水下作业机器人打捞作业装备、3000米/6000米深拖系统/自主式无缆潜航器探测作业装备，进行水下援潜救生及深水探测救捞工程作业。

四　全力保障重大活动安全稳定

全力做好各类重大活动和重要节点的交通运输安全保障。通过制定方案、明确责任、优化流程、细化举措，紧盯重点区域、重点领域和重点环节，强化安全生产现场监管，精心组织部署，非常时期采用非常手段，以"万无一失"防止"一失万无"，圆满完成了一系列重大活动和重要节点安全服务保障任务。全系统全行业自觉服从服务国家大局，圆满完成春节、劳动节、全国"两会"、国庆节、中国共产党第十九次全国代表大会、新中国成立70周年庆祝活动、G20杭州峰会、"一带一路"国际合作高峰论坛、南海岛礁校验试飞、中国国际服务贸易交易会、第三届"中国国际进口博览会"、"双11"旺季、第二届联合国全球可持续交通大会等重大活动和重要节点安全服务保障任务。

完成各类重要活动和突发事件运输保障。中国国家铁路集团有限公司响应国家应急救援要求，一方面发挥铁路特别是高速铁路速度快、运量大、全天候、运行距离远的独特优势，构建应急救援力量快速输送系统，统筹调配运力资源优先保障社会应急救援力量和物资输送；另一方面组织铁路应急力量、救援装备、救灾物资等参加路外抢险救援。公路水运行业圆满完成了地震灾害运输保障、海外撤侨、电煤运输保障、LNG（Liquefied Natural Gas，液化天然气）冬季供暖保障等运输保障工作。民航系统零差错、零失误地完成了党和国家领导人一系列专包机工作任务，圆满完成南海岛礁校验试飞、抢险救灾、海外撤侨等一系列重大紧急航空运输保障任务，有力保障了党和国家工作大局。

第七章

全力抗击新冠肺炎疫情

新冠肺炎疫情突然暴发，给人民生命安全和身体健康、经济社会发展带来严重冲击，是新中国成立以来在我国发生的传播速度最快、感染范围最广、防控难度最大的一次突发公共卫生事件。习近平总书记高度重视交通运输在统筹疫情防控与经济社会发展中的重要作用，多次作出重要指示、提出明确要求，强调要加强道路交通管控，加强乘客健康监测和交通工具场站消毒通风；要畅通运输通道和物流配送，着重解决好防疫物资、生活必需品供应的"最后一公里"问题；要落实外防输入重点任务，航空运输、口岸检疫、目的地送达、社区防控要形成闭环，加强陆海口岸疫情防控；要打通人流、物流堵点，放开货运物流限制；要降低港口、检验检疫等环节收费；要加快国际物流供应链体系建设，提高我国国际货运能力，保障国际货运畅通等。一系列重要指示批示，为交通运输行业疫情防控指明了方向、提供了遵循。

交通运输系统坚决服从党中央统一指挥、统一协调、统一调度，切实把思想和行动统一到习近平总书记重要指示精神上，及时传达学习习近平总书记关于疫情防控的重要指示精神。交通运输行业认真履职尽责，冲锋在前、坚守一线，全力投入疫情防控"主战场"，构筑人民生命安全和身体健康"防火墙"，建立应急物资快捷运送"保障线"，打通"大动脉"、畅通"微循环"，充分发挥交通运输"先行官"应有作用，为打赢疫情防控人民战争、总体战、阻击战贡献了交通运输应有力量。

一、有效应对新冠肺炎疫情

发挥综合交通运输合力。交通运输部相关司局会同国家铁路局、中国民用航空局、国家邮政局、中国国家铁路集团有限公司、招商局集团有限公司、中国远洋海运集团、中国国际航空公司、中国邮政集团公司等有关单位，统筹协调铁路、公路、水路、民航、邮政等运输服务方式，疫情期间推出铁路"七快速"、公路"一断三不断"、"三不一优先"、水运"四优先"、民航客运"减而不断"、货运"运贸对接"，以及邮政"快递绿通"等政策措施，形成综合交通疫情防控整体合力，提供重点物资、医疗物资、生活物资等运输保障。2021年，交通运输部联合多部委部署做好新冠病毒疫苗货物运输组织和服务保障工作，优化运输组织调度和服务保障举措，加强运输全过程安全质量管控，完善应急处置措施，为疫苗生产、供应和接种提供运输服务保障。

支持打赢湖北保卫战、武汉保卫战。疫情期间，交通运输系统坚定必胜信念，全面履行行业职责使命，倾力支持打赢湖北保卫战、武汉保卫战。武汉胜则湖北胜，湖北胜则全国胜，交通运输系统深刻领会、坚决贯彻习近平总书记"竭尽全力支持湖北、武汉打赢保卫战"的战略部署，按照"内防扩散、外防输出"防控策略，支持属地实施离汉离鄂通道管控，调动全国运力为援鄂医护人员、防疫物资第一时间驰援一线保驾护航，为重要生产生活物资进汉进鄂保通保畅，为切断疫情传播途径、提升湖北和武汉救治能力和医务人员防护水平、维护基本生产生活秩序提供了战略支撑。

专栏 7-1

支持湖北、武汉打赢抗疫保卫战

交通运输系统支持属地实施离汉离鄂通道管控，调动全国运力为援鄂医护人员、防疫物资保驾护航，办理涉及武汉的铁路、道路、民航退票共93.2万张，在环鄂省界设立了543个环鄂省际公路检疫站点，完成了4.2万余名援鄂医护人员运输任务。我国通过铁路、公路、水运、民航、邮政快递等运输方式向湖北地区运送防疫物资和生活物资158.9万吨，运送电煤、燃油等生产物资579.6万吨。

截至2020年4月10日，湖北省低风险区县道路客运全面恢复，除游轮外的水路客运全面恢复，铁路、机场全面恢复运营，离鄂通道解除以来完成营业性离鄂客运量约500万人次，离汉通道解除以来完成营业性离汉客运量约25.5万人次，离汉自驾出行车辆46.9万辆次、出行约120万人次，湖北省外出农民工达575万人，占春节前返乡的82.1%左右。

坚决阻断疫情通过交通运输传播扩散。交通运输系统扛起行业责任，抢前抓早，科学精准实施防疫举措，坚决阻断疫情通过交通运输传播扩散。2020年1月疫情暴发后，交通运输部第一时间启动应急响应，成立交通运输部应对新冠肺炎疫情工作领导小组，由部主要领导担任组长，并建立交通运输部应对新冠肺炎疫情联防联控机制，2020年1月21日紧急印发《交通运输部关于全力做好新型冠状病毒感染的肺炎疫情防控工作的紧急通知》。2020年1月25日（农历大年初一），交通运输部紧急印发《交通运输部关于坚决遏制通过客车传播疫情的紧急通知》，紧抓春节假期时间窗口，暂停重点地区道路客运，部署I级响应地区全面暂停省际包车、暂停进出北京道路客运，积极配合卫生健康等部门在公路服务区、车站、港口设置卫生检疫站、留验站开展疫情防控工作。疫情期间，交通运输行业科学精准做好常态化防控工作，交通运输部先后印发《关于做好交通运输行业新冠肺炎疫情常态化防控工作的指导意见》《交通运输部关于进一步加强常态化疫情防控工作的通知》，并配套出台《客运场站和交通运输工具新冠肺炎疫情分区分级防控指南》等文件，督促指导有关企业严格落实各项防疫措施，深入开展疫情防控隐患排查整改，坚决防止疫情反弹。暂停重点地区道路客运，在公路服务区、车站、港口设置卫生检疫站、留验站开展疫情防控工作。充分发挥交通运输大数据作用，持续开展公路水路客运同乘密切接触人员筛查工作，累计筛查密切接触人员8万余人，有力支撑疫情科学精准防控和全国"健康码"应用。中国民用航空局先后6次发布疫情防控技术指南，严防疫情通过航空运输渠道传播扩散。织密寄递渠道防控网，发布6版《疫情防控期间邮政快递业生产操作规范建议》，并推动制度落实，邮政业数百万从业人员无一人在工作中感染，用户无一人因使用寄递服务感染。

专栏 7-2

周密做好常态疫情防控

2020年1月10日至2月18日（春运期间），全国铁路、公路、水路、民航共发送旅客14.8亿人次，比去年同期下降50.3%。

疫情发生以来，铁路、道路、水路、民航及时发布免收道路水路客运班线客票退票费，道路客运领域累计办理免费退票超3000万张，并出台减税降费政策，减轻企业负担约74亿元。明确支持保障政策，加大收费公路免费期间对高速公路经营管理单位的扶持力度。

二　统筹做好复工复产安全防范工作

恢复交通运输生产。交通运输行业认真贯彻落实习近平总书记关于"复工复产，交通运输是'先行官'，必须打通'大动脉'、畅通'微循环'"❶"坚决克服新冠肺炎疫情影响，坚决夺取脱贫攻坚战全面胜利"❷的重要指示精神，把确保运输通道安全畅通、运输服务便捷高效作为重要民生任务。交通运输部会同公安部门，优化交通管控措施、联合督查清理、科学撤并检疫站点，公路卫生检疫站点实现了应通尽通、应撤尽撤，打通阻断的国省县乡道，恢复开通因疫情封闭的高速公路收费站。根据疫情发展态势分区分级恢复运输服务，截至2020年4月4日，全国所有城市恢复地面公交服务，已开通城市轨道交通运营线路的41个城市全部恢复城市轨道交通运营；2020年4月8日，除北京以外其他省份恢复省际省内道路客运服务，铁路、民航恢复抵离武汉运输服务；2020年4月30日，北京恢复省际省内道路客运服务。推进中低风险地区水路运输迅速由重点保障转为全面保障。打通城市及末端物资配送"最后一公里"，优化货车进城通行管理，便捷城市物流配送，减少限行区域、缩短限行时间、延长进城期限，切实解决"出村""进城"两端问题，287个地市允许所有货车免办通行证直接通行。

支持复工复产加速。我国发挥综合交通运输优势，支持复工复产加速，交通运输行业全力保障农民工返岗复工及重要生产生活物资运输，组织做好春耕化肥、春季农业生产物资运输服务保障工作。推广"春风行动"，全力保障"春运"错峰返程和农民工返岗复工，会同人力资源和社会保障部等部门健全"四位一体"协调机制，落实"出发有组织、健康有监测、运输有保障、运达有交接、全程可追溯"要求，根据务工人员出行需求，加强省际运输组织对接，按照"一车一方案"原则，提供"点对点"道路直达运输、铁路列车专列服务和航空运输服务全力保障"春运"错峰返程和农民工返岗复工。2020年1月30日至2020年4月17日，全国各地累计"点对点"运输农民工约592万人，其中包车227万趟次、运送539.6万人，铁路专列401列及包车厢1531个、运送45.4万人；2020年3月，民航组织各航空公司专门安排复工复产航班1124班，保障超过6.8万人次复工复产人员出行；2020年1月21日至4月17日，邮政业共计揽收包裹123.6亿件、投递包裹112.6亿件；截至2020年6月10日，邮政企业、快递企业承运、寄递疫情防控物资累计48.98万吨、包裹3.98亿件，发运车辆8.75万辆次，货运航班779架次。

---

❶　出自《人民日报》（2020年02月22日01版）。

❷　出自《人民日报》（2020年03月07日01版）。

推动行业复工复产先行。交通运输行业奋力迎难而上，出台各项措施，全面部署和落实行业主责，推动行业复工复产先行。出台统筹推进疫情防控和经济社会发展交通运输工作的实施意见，提出7个方面21条具体举措。构建"1+N"政策指导体系推进分区分级分业精准施策，推动交通运输复工复产。分类有序推进在建项目尽快复工，努力做到具备条件的项目100%复工、人员100%复岗。组织地方提前启动符合国家战略、符合规划方向的建设项目，新增储备项目预计总投资约8000亿元。截至2020年4月17日，监测的铁路、公路、水运、内河、民航等666个在建重点项目中，已复工656个，复工率达98.5%，其中铁路、公路、水路、民航项复工率分别为100%、97.4%、98.6%和100%。全国铁路运输企业复工率达94.7%，公路水路运输企业复工率达96.8%，港口货运企业复工率达100%，主要寄递企业营业网点恢复营业率达99.7%。2020年3月底，邮政业生产能力已恢复到正常水平。

专栏 7-3

春 风 行 动

四川省在全国率先实施农民工安全有序返岗"春风行动"工作，截至2020年3月20日，全省"春风行动"共开行农民工专车28897趟次，运送农民工552530人次，覆盖除港澳台地区之外的全国所有省（自治区、直辖市）。同时，"春风行动"向铁路、民航扩展，开行专列69趟，运送农民工57179人次；开行包机142架次，运送农民工16952人次。实施过程中实现疫情"零感染"、安全"零事故"、服务"零投诉"，支撑脱贫攻坚、推动复工复产走在各行业前列，真正发挥了经济社会发展的"先行官"作用。

三　交通运输支持全球抗疫

严防疫情跨境传播。交通运输行业采取一系列措施，最大限度减少国际间非必要人员流动，有效切断疫情传播途径。实施口岸"客停货通"策略，8个铁路口岸、65个公路口岸（其中31个口岸保留货运功能）全面暂停或关闭国际客运业务，内地与港澳暂停公路口岸直通客运业务（仅保留港珠澳大桥穿梭巴士运行）；严格落实公路口岸入境驾驶员封闭管理，对入境货车实行指定地点卸货、当日返回等封闭管理。暂停全部128个水运口岸水运旅客运输业务，暂停中日、中韩、大陆与台湾地区间客运航线，内地与香港间的客运航线调整为单向载客，只出不进，暂停始发或挂靠中国港口的国际邮轮。自2020年1月29日起，在我国经营的7家国际邮轮企业10艘邮轮停止运营，有效避免了类似"钻石公主"号邮轮聚集性疫情事件在我国发生，有力保障了我国人民群众的生命健康安全。督促指导界河航道管理部门加强公务船舶管理，协助做好边境巡逻管控，减少输入风险。为坚决遏制境外新冠肺炎疫情输入风险高发态势，持续精简优化疫情严重国家（地区）航班，动态实施"五个一"（1家航空公司在1个国家保留1条航线，1周至多1个航班）"一国一策""航班熔断与奖励"等措施，最大限度遏制了境外疫情输入性风险。

促进战疫国际合作。交通运输行业为全球疫情防控共享中国方案，彰显了"中国之治"，充分展现了负责任大国担当。通过发布疫情防控指南文件、分享疫情防控经验做法、提供援外抗疫物资运输保障等多方面举措积极促进战疫国际合作，彰显中国担当。分享防疫经验，推动国际海事组织向174个成员国、有关国际组织转发推荐多版《船舶船员新冠肺炎疫情防控操作指南》《港口及其一线人员新冠肺炎疫情防控工作指南》等文件。中国民用航空局向40个国家民航部门分享《运输航空公司、机场疫情防控技术指南》，向国际民航组织提交中国民航疫情防控经验做法，获得国际社会高度评价。先后与俄罗斯、德国、法国举行司局级电话视频会议，促进防疫合作。全力保障援外运输，分国别、分批次安排运输计划，为援外抗疫物资运输提供保障。及时妥善处置丹麦籍集装箱船"古杰多马士基"轮船员感染新冠肺炎事件，最短时间内实现船舶国际航行复航。国家邮政局及时组织中国邮政、顺丰等企业开通海外捐赠物资"绿色通道"。

保障国际物流供应链稳定。依托国际物流保障协调工作机制，统筹利用各种资源，全力做好粮食能源矿石等重要物资保通保畅工作。开发建设国际物流供应链服务保障系统，强化供需对接，提升国际物流供应链保障能力。保障国际铁路联运通道畅通，发挥中欧班列战略性作用。加快恢复国际航运生产经营秩序，出台船舶、船员证书延期展期等措施，推进船员换班，做好港口集装箱货车驾驶员、装卸作业人员和船员返岗复工，保障港口和国际海运正常运行。加强与国际组织沟通协调，防止对国际航行船舶出台过度检疫措施。优化航空货运运力供给，简化货运航线航班审批和国际航空货运机组人员出入境防控措施，鼓励使用客机执行全货运航班等六项措施。

第八章

不断深化国际交流合作

党的十八大以来，以习近平同志为核心的党中央深刻把握新时代中国和世界发展大势，在对外工作上进行一系列重大理论和实践创新，形成了新时代中国特色社会主义外交思想，坚持以维护党中央权威为统领加强党对对外工作的集中统一领导，坚持以实现中华民族伟大复兴为使命推进中国特色大国外交，坚持以维护世界和平、促进共同发展为宗旨推动构建人类命运共同体，坚持以中国特色社会主义为根本增强战略自信，坚持以共商共建共享为原则推动"一带一路"建设，坚持以相互尊重、合作共赢为基础走和平发展道路，坚持以深化外交布局为依托打造全球伙伴关系，坚持以公平正义为理念引领全球治理体系改革，坚持以国家核心利益为底线维护国家主权、安全、发展利益，坚持以对外工作优良传统和时代特征相结合为方向塑造中国外交独特风范。习近平总书记强调："我们要深入分析世界转型过渡期国际形势的演变规律，准确把握历史交汇期我国外部环境的基本特征，统筹谋划和推进对外工作"❶。

"十三五"期间，交通运输行业以习近平外交思想指引交通运输国际合作工作实现新发展，以服务党和国家重大战略、服务中国特色大国外交为使命，积极参与国际公约及法规、标准制定，推动我国铁路、海事优势、特色技术纳入国际标准，努力扩大中国在国际上的影响力。积极促进多边合作，推进"一带一路"交通互联互通，通过国际平台贡献中国智慧及方案。大力开展国际交流及应急演练，持续推进与他国安全应急协作机制建立。不断扩展交通运输国内外利益交汇点、扩大合作朋友圈、提升国际影响力。

---

❶ 出自《人民日报》（2018 年 06 月 24 日 01 版）。

一　不断提升国际话语权

积极参与国际标准及公约制修订。"十三五"期间，我国铁路、民航、海事等部门积极参与国际标准及公约制修订，主动融入交通运输各领域技术完善和监督管理，向各类国际组织提交的提案实现数量和质量"双增长"，逐步实现从参与者到主持者的身份转变，实现了中国在国际公约、国际标准修订上的从无到有，到占据主导地位，让我国向"规则制定者"的方向迈进一大步。"十三五"期间，我国铁路部门推动国际铁路政策、规则、标准联通。积极参与国际标准化活动，利用国际标准化平台提高中国铁路的影响力，在国际标准化组织铁路应用技术委员会（ISO/TC269）、国际电工委员会轨道交通电气设备与系统技术委员会（IEC/TC9）中贡献率位居前列。根据我国铁路关键技术及实践经验，主持编制发布多项国际标准化组织（International Organization for Standardization，ISO）和 国际电工委员会（International Electrical Commission，IEC）国际标准和国际铁路联盟（UIC）系列标准。成功承办IEC/TC9第56届年会。中国铁路标准国际化水平突破新高。从2017年至2020年，先后主导起草或修订国际海事组织（International Maritime Organization，IMO）《客船破损控制图修正案》《MARPOL公约附则Ⅳ和附则Ⅴ的港口国监督导则》《船舶交通服务指南》《国际航行船舶岸电安全操作导则》《地效翼导则》《成员国信息通报指南》《船舶交通服务指南》等。中国民航部分领域引领国际标准。积极参与《国际民用航空公约》附件8、附件16和《适航性手册》（Doc9760）修订工作。广泛参与美国汽车工程师学会（Society of Automotive Engineers，SAE）、美国材料试验协会（American Society of Testing Materials，ASTM）、航空无线电技术委员会（Radio Technical Commission for Aeronautics，RTCA）等工业标准组织相关技术标准的制定和修订，动态跟踪研究小飞机适航标准规章重组工作等国外适航标准和符合性方法。中国的国际地位和制度性话语权日益提升，国际影响力进一步凸显。我国邮政业在万国邮联终端费调整、会费改革、国际铁路运邮规则制定等方面取得成效，得到世界同行广泛关注和赞誉。

专栏 8-1

中国铁路标准国际化水平突破新高

"十三五"期间，铁路领域主持编制ISO和IEC国际标准《轨道交通　机车车

辆　电气隐患防护的规定》等16项（其中发布6项）、参与82项。主持编制国际铁路联盟（UIC）《高速铁路实施》系列标准等30项（其中发布10项）、参与29项。发布114项铁路装备技术标准、70项铁路工程建设标准外文版，基本实现重要铁路装备技术和工程建设标准英文版全覆盖。发布《高速铁路设计规范》英语、俄语、阿拉伯语、泰语、印尼语5种外文译本，不断将我国铁路优势技术和特色技术纳入国际标准。

跃身国际组织理事国。近年来，在交通运输部、国家铁路局、中国民用航空局等交通运输部门的不懈努力下，我国已成为国际标准化组织中较为活跃和具有影响力的国家之一，同时，在"十三五"期间，我国在海事、民航等领域高票连任一类理事国，奠定了中国在国际上的大国地位。在铁路领域，我国是国际标准化组织铁路应用委员会（ISO/TC269）和国际电工委员会轨道交通电气设备与系统技术委员会（IEC/TC9）的积极成员。同时，我国2家单位成为国际铁路联盟UIC正式成员，8家单位成为UIC附属成员，我国专家承担了亚太区主席、客运部副主任、系统部执行委员会委员、标准化平台核心小组成员、数字化平台副主任等职务，以及系统部机车车辆客车专业组（SET02）组长、数据通信专业组（SET08）组长、牵引专业组（SET11）组长等专业职位。自1989年以来，中国连续17次当选国际海事组织A类理事国，在国际海道测量组织（International Hydrography Organization，IHO）改革后的第1、2届大会上当选该组织理事国；2018年在韩国召开的国际航标协会大会上再次当选该组织理事，彰显了我国在国际海运界的地位和影响力，体现了国际海运界对中国的认同和对中国在全球海运治理中发挥更加积极作用的期待。积极参与IMO技术合作委员会工作，承担了多项IMO技术合作项目，帮助发展中国家共同提高海事治理能力，同时积极分享我国海事技术合作的成功经验，推出中国方案，推动全球海事技术合作水平的不断提高。自2004年以来，连续当选国际民航组织一类理事国，提出了中国民航改进国际标准和全球民航治理的方案，并产生了国际民航组织首位女性秘书长，体现了国际上对中国的认同和期待，展现了日益强盛的大国形象和国家实力。

二　积极开展国际事务和行动

积极推进"一带一路"建设。交通运输部与联合国机构、有关国家、区域组织等建立了良好的合作关系，务实合作不断加深，有效服务了外交战略大局，促进"一带一路"沿线国家在交通运输管理政策、规则、标准方面的联通，充分彰显了负责任的大国形象。"十三五"期间，我国持续推进与相关国家双边国际铁路运输协定或议定书，印发《国家铁路局贯彻落实〈关于推动中欧班列安全稳定高质量发展指导意见〉的通知》，制定推进措施，建立《国家铁路局支持中欧班列高质量发展局内工作机制》，撰写《关于服务中欧班列安全稳定高质量发展情况的报告》，提出服务中欧班列发展建议等，持续推动中欧班列开行。主动参与国际联运相关制度建设，梳理《关于中蒙铁路过境运输合作的协议》后续核准落实情况。深化与"一带一路"沿线国家和地区的海事合作，加强与相关国家深远海航行保障、搜救打捞、自动驾驶、科技人才、绿色低碳等领域交流合作。与IMO签署了《中国交通运输部与国际海事组织关于通过"21世纪海上丝绸之路"倡议推动IMO文件有效实施的合作意向书》。与日本、蒙古、缅甸、丹麦、希腊、中东欧、沙特等国家/区域组织签订长期海事、海上搜救合作工作计划或相关协议，通过开展教育培训、举办讲习班或研讨会、人员交流、信息和经验共享等方式，开展在海上安全及防污染等领域的合作。与东盟国家构建亚太渡运安全治理联络机制，推进中国–东盟国家海上紧急救助热线项目建设。推动与俄罗斯开展基地水域海事合作，维护我国基地水域航行利益。推动中欧、中俄适航实施程序落实，促进安全水平提升。推进中国民用航空与中亚、非洲地区等合作平台，有效利用中国–东盟区域航空运输安排工作会议及民航区域平台等机制，与东盟十国签署中国–东盟航空安全事故/事件调查合作谅解备忘录。为中亚国家举办了空中交通管理、机场管理及航空安保质量控制等培训班，自2016年来，为非洲国家提供100名民用航空培训名额并成功完成培训53人。与民航组织签署合作意向书，共同推进"一带一路"沿线国家航空能力建设、促进航空运输便利化。深度参与国际邮政治理和万国邮联改革，积极推进"三项竞选"工作，坚决维护国家利益。成功举办第十一届高级别中日邮政政策对话。召开第三届内地与港澳邮政高峰会，达成四项共识，确保两岸直接通邮不中断。参与区域全面经济伙伴关系协定（Regional Comprehensive Economic Partnership，RCEP）等双多边谈判，推动加强邮政快递领域合作纳入与有关国家共建"一带一路"合作规划，为提升中国在国际上的话语权和影响力，服务"一带一路"倡议和构建人类命运共同一认真履责、贡献力量。

专栏 8-2

我国加入全球E航海测试平台合作计划

2018年6月4日，交通运输部海事局在韩国签署加入全球E航海测试平台合作计划备忘录，标志着我国将参与全球E航海测试平台建立。目前，参加该合作计划国家有澳大利亚、丹麦、瑞典和韩国。E航海是IMO、IHO、国际航标协会（The International Association of Marine Aids to Navigation and Lighthouse Authorities，IALA）主导的下一代海上航海保障综合服务体系，按照"以人为本"的原则，通过信息化手段将船端和岸端的各类航行相关信息进行收集、整合、交换，加强船舶航行安全保障能力，实现全球海运安全、高效、环保、节能的目标。

备忘录签署后，我国将与各参与国在合作计划的框架下，共同建立全球E航海测试平台，分享相关信息，并通过参与E航海合作计划，分享我国E航海发展成果，推动国内相关产业研究和开发。

中国声音在国际运输业不断回响。"十三五"期间，中国积极参加铁路、公路、海事、民航、邮政等国际组织的联合会议，在发展政策与战略研究、物权凭证研究、国际客户服务协会/国际货运代理协会联合会、危险货物运输、国际物流、国际救助联合会、国际海上人命救助联盟（International Maritime Rescue Federation, IMRF）等国际组织会议上积极贡献中国智慧及中国方案，并获得与会组织及代表的认可。同时积极推进交通运输各领域国际交流项目，创新合作模式，打造在国际上具有较强影响力的精品技术合作品牌，充分彰显中国实力。参加了在爱尔兰都柏林召开的国际铁路安全理事会2018年度会议。出席了联合国危险货物运输专家小组委员会和全球化学品统一分类和标签制度专家小组委员会（TDG&GHS）第37次会议。参与海外重点铁路项目建设、开展安全督导工作。不定期赴欧美、日韩，围绕道路生态环保、投资模式、自动驾驶、桥梁安全、道路养护等进行技术交流。积极参与国际和地区搜救业务，参加IMO、国际搜救卫星组织联合委员会等国际相关组织会议和活动，出席第四届大规模海上人命救助会议、第六届国际搜救大会、国际救捞联合会第65届全体会员大会、中日韩俄四国第24届海上搜救会议等救捞会议并发表主旨演讲。牵头举办国际海上人命救助联盟亚太交流合作中心第7次理事会，围绕中国政府"一带一路"倡议开展相关工作并配合东海救助局开展防溺水安全教育等进行了交流探讨。参加2019年国际海洋技术大会，展示了中国救捞在人才、装备技术和应急处置能力建设等方面取得的成果。与国际保赔协会集团在北外滩国际航运服务中心签署合作备忘录，以增进双方在船舶油污损害调查评估及案件理赔方面的合作，高效应对和处理船舶油污事故所引发的索赔。积极推进中美航空合作项目机制，与美方一起，每年举办"运输航空安全研讨会"和"通用航空运行安全研讨会"，围绕航空安全、飞行操作情景、跑道安全、飞机失控、持续运行安全等主题交流安全管理经验，探讨安全发展中面临的共同问题，推动在飞行安全领域的多项合作。与美国联邦航空管理局（Federal Aviation Administration，FAA）签署《适航实施程序》，形成认可产品范围的对等，实现中美适航双边的重大突破。签署《中欧民用航空安全协定》，为双方航空产品适航审定合作创造有利条件。持续推进中国在世界范围的交通运输技术标准、管理方式、装备设施等领域作出卓越贡献。

三　深化安全管理合作交流

积极开展安全应急国际协作。"十三五"期间，中国积极与周边国家开展安全应急国际协作，举办多期应急搜救培训及应急演练，构建完善多边交通运输安全与应急处置机制，强化国际海上搜救合作，加大与周边国家的人才培养和输送力度，在不断探索更高的营救救援保障方面取得了佳绩。中国与美国在中美交通论坛下共同设立安全与灾难救援协调工作组，与美方在交通运输疫情防控、危险货物运输、交通运输事故调查、公路隧道安全管理等领域开展交流合作。完成建设中老缅泰澜沧江—湄公河海事安全监管设施建设和管理项目，提升了澜沧江—湄公河水域的海事安全监管能力和应急救助水平。组织开展中老缅泰澜沧江—湄公河流域应急搜救资源排查，举办首届澜沧江—湄公河流域国家海事与搜救业务培训，共同推动维护澜沧江—湄公河水域的航运安全。积极推进中国—东盟国家海上搜救演练项目，牵头举办中国—东盟国家海上搜救协调员培训班，采取理论授课、现场实训、讨论交流、案例研究和模拟演练等形式，按照《国际航空和海上搜寻救助手册》要求开展授课。牵头举办中国—东盟国家最大规模海上联合搜救实船演练，探索建立区域海上搜救合作模式，将海上搜救合作打造成中国—东盟国家合作的新亮点，为各国人民提供更好的海上搜救服务和保障。密切与亚太各国的海上交通运输安全监督合作，共享交流各国非公约涉客运输船舶的安全管理经验，共同提升区域水上涉客运输安全管理水平，推动形成合作互动、优势互补、互利互赢、共同发展的格局，为国内外渡运安全业界专家搭建渡运安全管理交流平台。在东盟地区论坛（ASEAN Regional Forum，ARF）框架下，在2017—2020年间共举办三次渡运安全相关的技术合作项目。持续提升中韩客货班轮运输安全水平，推动中韩双方共同建立中韩客货班轮安全管理机制。

积极服务国家战略实施。推动IMO以我方提案为基础，制定了国际海运温室气体减排战略图。成功将北斗性能标准纳入海事应用定位、导航及授时导则，确保海事应用北斗基础产品的国际合法地位；推动北斗加入全球海上遇险与安全系统（Global Maritime Distress and Safety System，GMDSS）列入IMO正式工作项目，并纳入国际搜救卫星系统中轨道系统发展实施规划。

第九章

安全生产形势稳中向好

　　党中央、国务院始终将保障人民群众生命安全健康作为治国理政的重要内容，作为改革发展稳定的基本前提。党的十八大以来，习近平总书记站在中华民族伟大复兴的战略高度，把安全发展作为统筹推进"五位一体"总体布局、协调推进"四个全面"战略布局的重要内容摆在前所未有的突出位置。交通运输行业坚决贯彻习近平总书记关于安全生产重要指示，认真落实党中央、国务院有关安全生产工作的重大战略决策部署，牢固树立安全发展理念，始终把安全生产工作放在首位，作为一切工作必须坚守的底线和底板，按照"党政同责、一岗双责、齐抓共管、失职追责"和"管行业必须管安全、管业务必须管安全、管生产经营必须管安全"的总要求，扎实推进平安交通建设，强化企业主体责任、地方属地监管和部门行业监管，强化依法治理，扎实开展安全生产专项整治三年行动，深化防范化解安全生产重大风险，大力推进企业安全生产标准化，强化安全生产宣传教育与培训，安全生产领域改革工作稳步推进，安全生产责任体系不断完善，安全生产法治化水平和监管执法能力逐步提升，安全发展基础进一步夯实，应急保障能力不断增强。

　　"十三五"时期，交通运输安全生产形势稳中向好，各领域事故起数逐年下降。铁路交通事故死亡人数、铁路交通事故10亿吨公里死亡率均持续下降；公路水路领域生产安全事故起数、死亡失踪人数逐年下降；民航运输航空百万小时重大事故率、亿客公里死亡人数五年滚动值一直远优于世界平均水平、稳居世界前列；邮政业连续保持了较大等级以上安全事故"零"记录，牢牢守住了不发生系统性风险的底线。

一　铁路领域

　　铁路安全持续稳定。铁路领域深入贯彻落实习近平总书记关于安全生产的重要指示批示精神和党中央、国务院决策部署，牢固树立安全发展理念，坚持人民至上、生命至上，突出高速铁路运营和旅客列车安全，强化风险防控和隐患排查治理，提升装备技术保障能力，压实企业安全生产主体责任、地方政府属地管理责任，健全完善铁路安全监管体系，持续深化高速铁路沿线环境综合治理，深入开展普速铁路安全隐患排查整治，有力维护了铁路运输安全持续稳定。"十三五"期间，在路网规模和客货运量持续增长的情况下，全国铁路杜绝了重特大铁路交通事故和造成旅客死亡的责任行车事故，铁路交通事故死亡人数和10亿吨公里死亡率均呈下降趋势，如图9-1、图9-2所示。

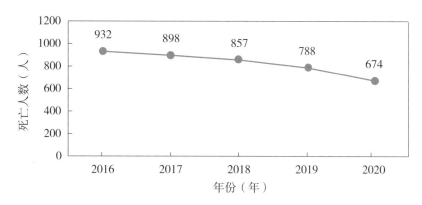

图9-1　铁路交通事故死亡人数变化趋势图

图9-2　铁路交通事故10亿吨公里死亡率变化趋势图

高速铁路运营安全平稳。"十三五"期间，我国首条智能高速铁路——京张高速铁路实现安全运营，7部委联合发布实施《高速铁路安全防护管理办法》，有力保障了高速铁路运营安全。2020年，全国动车组发送旅客15.57亿人次，占旅客总发送量的70.66%。高速铁路综合检测列车定期对全国高速铁路轨道和接触网进行检测，累计检测里程209.8万公里，其中200~250公里区段轨道、信号、弓网等基础设施设备质量良好。

安全生产形势总体稳定向好。安全生产形势总体稳定向好。"十三五"时期，公路水路领域坚决贯彻习近平总书记关于安全生产的重要指示，认真落实党中央、国务院有关安全生产工作的重大战略决策部署，始终高度重视安全生产工作，坚持把安全生产摆在全局工作的重中之重，大力推动安全生产领域改革发展，不断焊牢安全生产责任链条，全面加强安全生产支撑保障能力建设，持续提升依法治安水平，有效构建双重预防机制，重特大事故得到初步遏制，较大以上事故总量降低，实现了安全生产形势持续稳定。

事故总量大幅下降。"十三五"期间，公路水路安全生产形势总体稳定，事故总量大幅下降，重特大事故数量明显减少。2016—2020年，公路水路领域造成人员死亡（失踪）的生产安全事故（包含道路运输行业行车事故[1]、水上交通事故、交通运输行业建设工程生产安全事故、港口生产安全事故[2]）起数、死亡（失踪）人数逐年下降（图9-3），年均分别下降5.6%和7.4%。2020年与2016年相比，事故起数下降 25.1%，死亡（失踪）人数下降31.9%。

2016—2020年，道路运输行业较大以上等级行车事故起数、死亡（失踪）人数逐年下降（图9-4），其中事故起数和死亡（失踪）人数年均分别下降11.6%和12.2%。2016年与2020年相比，事故起数下降46%，死亡（失踪）人数下降47.8%。

2016—2020年，造成人员死亡（失踪）的水上交通事故起数呈现出先下降、后上升的趋势，水上交通事故死亡（失踪）人数呈现出总体下降趋势，2020年较2019年有所上升（图9-5），其中事故起数和死亡（失踪）人数年均分别下降1.4%和0.7%。2020年与2016年相比，事故起数下降 6.8%，死亡（失踪）人数下降3.4%。

---

[1] 根据《道路运输行业行车事故调查统计制度》，道路运输行业行车事故统计口径为一次死亡（失踪）3人以上的较大以上等级事故。

[2] 根据《水上交通事故统计办法》《交通运输行业建设工程生产安全事故统计调查制度》《港口生产安全事故统计调查制度》，水上交通事故、交通运输行业建设工程生产安全事故和港口生产安全事故统计口径为一般以上等级事故。

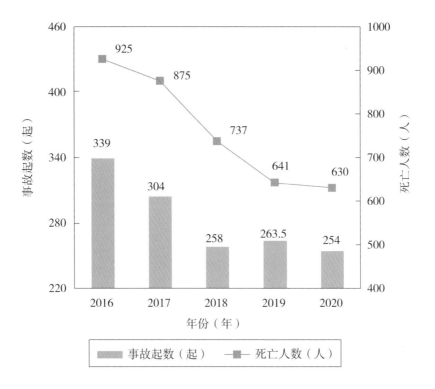

图9-3 公路水路领域造成人员死亡（失踪）的生产安全事故起数和死亡（失踪）人数变化趋势

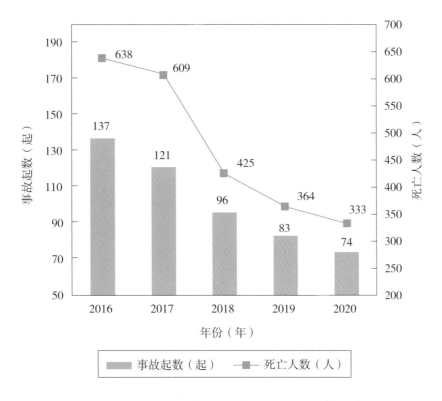

图9-4 道路运输行业较大以上等级行车事故起数和死亡（失踪）人数变化趋势图

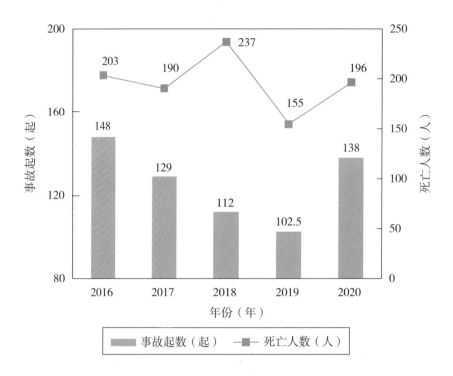

图9-5　造成人员死亡（失踪）的水上交通事故起数和死亡（失踪）人数变化趋势图

三　民航领域

安全底线得以坚守。民航领域始终以习近平总书记对民航安全工作的重要指示批示精神为指引，从总体国家安全和战略安全的层面认识和谋划安全工作，将安全作为头等大事来抓，坚持以人民为中心的思想，树牢安全发展理念，深入学习贯彻落实习近平总书记2018年9月30日接见"中国民航英雄机组"时重要指示精神，按照"一二三三四"的民航总体工作思路，以最强担当压实安全责任，以最高标准防范安全风险，以最严要求实施安全监管，以最实措施确保安全平稳可控，牢牢守住飞行安全底线，圆满完成"十三五"各项安全目标：按照《中国民航航空安全方案》，中国民航安全监管体系的规范性和实效性得以增强，初步实现规章符合性基础上的安全绩效管理；未发生运输航空重大事故；经营性通用航空每万飞行小时死亡事故率5年滚动值为0.058，完成低于0.09的目标；未发生非法干扰造成的航空器重大事故；未发生重大航空地面事故。

安全纪录历史最好。中国民航走出了一条具有中国特色的安全治理之路，不断刷新安全记录。2010年8月25日至2020年12月31日，中国民航实现连续安全运行"120+4"个月、8943万飞行小时，连续18年保证空防安全，创造了中国民航历史上新的安全纪录。10年间，中国民航安全水平不断提高，运输航空百万小时重大事故率5年滚动值一直远优于世界平均水平、稳居世界前列（图9-6）。民航安全已经逐步从一个行业、一个领域跃升至国家安全的战略高度，为巩固和增强行业战略地位、发挥战略作用作出了新贡献，为民航强国建设"转段进阶"提供了可靠保证，为中国民航国际地位稳步提升奠定了坚实基础。

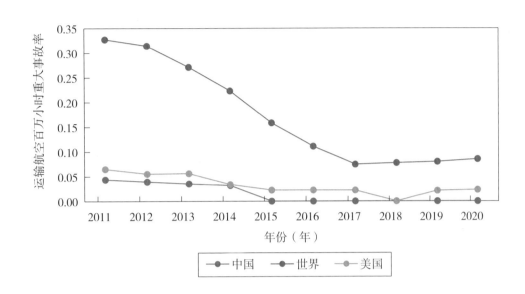

图9-6　近10年运输航空百万小时重大事故率5年滚动值比较

四　邮政领域

安全政策底线加固。修订《快递业务经营许可管理办法》，发挥快递业务经营许可在守住安全底线、引导行业提质增效的作用，营造公平的市场准入环境，保障行业安全底线，促进服务质量提升，推动行业健康发展。修订出台《邮政业寄递安全监督管理办法》，增加邮件快件寄递有关生态安全条款，细化寄递安全统一管理制度、安全教育培训制度、寄递安全监督检查制度和邮政业应急管理制度，明确委托实施邮政行政处罚的相关事项，引入科学治理手段，完善有关法律责任。

安全形势持续稳定。"十三五"时期，行业安全事故事件信息报告工作不断加强和规范，全面掌握行业安全事故事件情况，行业生产安全事故事件掌握范围涉及火灾、交通、机械伤害、触电、末端稳定等方面。整体看来，邮政业安全生产保持了总体平稳、稳中有进的良好态势，实现了重特大安全事故零发生，牢牢守住了不发生系统性风险的底线。

防范能力有效提升。集中开展涉枪涉爆专项整治、涉恐隐患排查治理、易制爆危险化学品和寄递安全清理整治等专项行动，全面实施"双随机、一公开"监管。建立健全邮政业突发事件应急预案体系，强化安全应急管理，妥善应对ETC（Electric Toll Collection，电子不停车收费）改革对行业影响，妥善应对处置了菜鸟与顺丰数据之争、上海快捷快递网络服务阻断、速尔快递经营异常等影响较大的突发事件，有效应对地震、洪汛和台风等自然灾害，确保行业安全稳定运行。

下篇 》》》

"十四五"交通运输
安全生产发展展望

第十章

交通运输安全生产发展机遇与要求

党的十八大以来，我国交通运输安全生产法律法规和标准规范基本健全，责任更加明晰，监管能力明显提升，从业人员综合素质不断提高，保障水平显著提升。但是，我国交通运输安全生产工作依然存在一些问题和不足：部分领域法规制度、标准规范制修订不及时，强制性国家标准缺乏；基层监管执法力量依然不足，专业化不强，执行力不够；部分企业安全生产主体责任和管理部门监管责任落实不到位；部分行业领域安全生产风险管控和隐患治理机制不健全；从业人员安全教育培训实效提升困难；部分山区和农村公路安全基础仍然薄弱；先进装备和技术应用不充分，科技兴安能力依然不足；跨部门、跨区域应急联动机制仍不健全，应急处置和保障类设备不足，无法实现对深远海水域、重要战略通道的有效覆盖；抗灾抢险保通专业能力不强，专业应急力量不足。

当前，人民对美好生活的向往更加强烈，对交通运输安全更加关注。《交通强国建设纲要》提出要构建安全、便捷、高效、绿色、经济的现代化综合交通体系，《国家综合立体交通网规划纲要》提出要构建便捷顺畅、经济高效、绿色集约、智能先进、安全可靠的现代化高质量国家综合立体交通网，交通运输安全生产面临新的机遇和要求。

人民群众对交通运输安全生产工作提出了新期待。 进入新时代，我国社会主要矛盾已经转化为人民日益增长的美好生活需要和不平衡不充分的发展之间的矛盾。在社会公众对交通运输安全事故容忍度不断降低、人民越发注重出行安全的形势下，保障交通运输安全就是保障民生。为了使人民群众的获得感、幸福感和安全感更加充实、更有保障和更可持续，需要不断提升交通运输安全生产综合治理能力和水平，不断满足人民群众对交通运输安全的新期待。

平安中国建设对交通运输安全生产工作提出了新要求。 党的十九届五中全会提出了"统筹发展和安全，建设更高水平的平安中国"的新要求。交通运输作为国民经济和社会发展的基础性、先导性、战略性产业和重要的服务性行业，必须坚持总体国家安全观，把安全发展贯穿交通运输发展各领域和全过程，统筹传统安全和非传统安全，全力防范化解安全生产重大风险，确保交通运输安全生产形势持续稳定，建设更高水平的平安交通。

新发展格局对交通运输安全生产工作提出了新要求。我国现已进入全面建设社会主义现代化国家、向第二个百年奋斗目标进军的新发展阶段，加快构建以国内大循环为主体、国内国际双循环相互促进的新发展格局。交通运输是连接各行业的纽带，是经济社会发展的先行官，在构建新发展格局中具有重要地位和作用。必须准确把握新发展阶段和新发展格局为安全生产工作确立的新起点、新目标和新任务，统筹发展和安全，推动交通运输安全生产工作取得新成效。

交通强国建设对交通运输安全生产工作提出了新要求。加快建设交通强国是以习近平同志为核心的党中央作出的重大决策部署，是新时代交通运输行业发展的新使命。《交通强国建设纲要》要求提升本质安全水平、完善交通安全生产体系、强化交通应急救援能力。《国家综合立体交通网规划纲要》要求提升安全保障能力、提高交通基础设施安全水平、完善交通运输应急保障体系。交通运输安全生产工作既面临交通强国建设带来的重大战略机遇，同时面临行政事权改革和综合行政执法体制改革复杂性和系统性考验，亟待通过安全生产改革发展与创新，深化提升交通运输安全生产综合治理能力，为交通强国建设提供坚实可靠的安全保障。

新颁布实施安全生产相关法规政策对交通运输安全生产工作提出了新要求。新制修订《中华人民共和国民法典》《中华人民共和国安全生产法》《中华人民共和国刑法》以及国务院安全生产委员会办公室《生产安全事故防范和整改措施落实情况评估办法》等法规政策的颁布实施，为安全生产领域治理提供了新的法规政策依据和标准要求。适应安全生产相关法律法规的变化，加快交通运输安全生产治理体系和治理能力建设，促进交通运输高质量发展，需要制定完善交通运输安全生产相关规章制度标准，提升依法治理和监管执法水平。

新业态规范健康持续高质量发展对交通运输安全生产工作提出了新要求。在加快建设交通强国、碳达峰碳中和等背景下，交通运输行业深化结构调整、推进技术创新，"十四五"交通运输新业态将迎来快速发展的新机遇。与此同时，还存在一些突出矛盾和问题，特别是部分网约车平台公司侵害驾驶员权益、部分货运平台企业经营行为不规范、部分平台公司扰乱市场公平竞争秩序等，对行业安全稳定带来风险隐患，需要强化风险意识，更好地统筹发展和安全，加快推动交通运输新业态规范健康持续高质量发展取得新的更大成效。

新一轮科技革命和产业变革为交通运输安全生产工作带来新机遇。"十四五"期间，在新一轮科技革命和产业变革孕育发展背景下，5G通信、物联网、大数据、云计算、区块链、人工智能、量子通信、卫星导航等技术快速发展，以科技创新为源动力，加快新技术、新材料、新工艺的应用和转化，为提升交通运输安全风险研判预警能力提供了技术支撑，为交通运输安全生产工作带来新机遇。

第十一章

交通运输安全生产发展方向与目标

交通运输安全生产将按照交通强国建设的部署安排，坚持统筹发展和安全、强化系统治理，提升本质安全水平，完善交通安全生产体系，强化交通应急救援能力，不断提升交通运输安全发展水平，着力构建安全、便捷、高效、绿色、经济的现代化综合交通体系，为当好中国现代化建设开路先锋提供有力支撑。

"十四五"时期，交通运输行业坚决贯彻习近平总书记关于安全生产的重要指示，深入贯彻党的十九大和十九届历次全会精神，全面落实党中央、国务院决策部署，立足新发展阶段，贯彻新发展理念，服务构建新发展格局，坚持人民至上、生命至上，坚持强化底线思维、红线意识和责任落实，聚焦交通运输安全生产工作短板和突出问题，汲取事故教训，推进改革创新，提升本质安全水平，深化和完善安全体系，强化应急救援能力，着力防范化解重大风险，坚决遏制重特大生产安全事故，建设更高水平的平安交通，为全面建设社会主义现代化国家和提高人民群众的美好生活水平提供可靠的交通运输安全保障。

一　铁路领域

总体目标：到2025年，铁路安全发展理念深入人心，铁路安全治理体系相对完善，安全监管体制机制更加成熟，安全生产责任体系更加健全，安全生产综合保障能力明显提升，安全生产法律法规标准体系进一步完善，高速铁路安全管理水平得到新提高，应急救援保障体系建设实现新进步，外部环境治理取得明显成效，人才、科技、职业健康等安全基础保障能力进一步增强，杜绝重特大事故发生，铁路交通事故数量和死亡人数明显减少，铁路安全生产持续稳定可控，铁路安全治理效能明显提升，铁路发展更加绿色，与生态环境更加协调。杜绝重特大事故，铁路交通事故起数和死亡人数明显减少，铁路安全生产持续稳定可控。到2035年，铁路科技创新和新技术应用取得巨大进步，铁路装备技术水平不断提高，新型铁路基础设备设施和运输车辆得到应用，运输方式不断创新，水铁联运、公铁联运、空铁联运等多式联运更加融合。铁路、公路、水路、航空以及城市轨道交通等综合立体交通枢纽建设更加协调方便。加快物流枢纽和物流园区建设，打通铁路货物运输"最先一公里"和"最后一公里"，铁路将以更加安全、快捷、优质的服务更好地满足国民经济发展和人民群众出行需要。

主要任务：一是健全铁路安全生产责任体系。严格落实铁路相关企业主体责任、强化铁路行业监督管理职责、落实相关部门和地方政府安全监管责任、落实目标考核与责任追究等。二是强化铁路安全生产监管。加强铁路法规和标准体系建设、规范铁路安全监管执法行为、严格铁路行政许可和准入，加强事前事中事后监管，完善铁路事故调查处理机制等。三是强化高速铁路运营和客车安全管理。加强专业安全管理、强化设备设施安全质量控制、加强高速铁路运营组织安全风险管控、强化外部环境安全治理、推进铁路双重预防机制建设等。四是加强安全防灾和应急保障体系建设。加快推进铁路安全防灾减灾技术突破、健全铁路应急救援管理体制、完善铁路应急救援预案、加强铁路应急救援队伍建设、强化应急救援技术和应急装备支撑等。五是强化铁路安全生产综合保障。增强组织保障作用、强化安全生产资源配置、提高科技兴安保障能力、推进安全文化建设、发挥社会化服务和市场机制推动作用。

二 公路水路领域

总体目标：到2025年，安全保障基础更加坚实，安全管理水平明显提高，应急救援实力持续提升，安全体系不断完善，防范化解重大风险能力显著增强，重特大事故有效遏制，适应和满足我国经济社会发展和人民群众安全出行的需要。到2035年，交通运输安全水平与发达国家差距明显缩小，人民群众安全感明显提升，实现更高水平的平安交通。

主要任务：一是提升本质安全水平。推进交通工程创建平安百年品质工程和平安工地，持续加大基础设施安全保障投入，强化交通基础设施运营养护，加强公铁水并行交汇地段安全治理，进一步提升交通基础设施安全保障能力和运输工具及设施装备安全技术性能。二是完善安全生产法规制度。完善行业安全生产相关法律法规、规章制度、标准规范和应急预案，推动《中华人民共和国安全生产法》贯彻落实，规范行业安全生产执法行为。三是深化责任体系和履责能力建设。强化安全生产监督管理责任落实，压实企业安全生产主体责任，严肃安全生产追责问责，提升行业企业安全生产能力，推动行业全面实施安全生产信用管理，优化完善应急管理与协调机制。四是加强风险分级管控和隐患治理。加强安全生产形势研判和安全生产风险网格化监控，建立行业安全生产风险"一图、一册、一表"，健全完善隐患排查治理机制，加强事故调查和整改落实。五是强化监管能力和重点领域专项治理。加强安全生产执法、基层监管能力建设和交通安全监管设施建设。加强重点领域治理，破解制约行业安全发展的关键难点问题。六是提升应急救援救助能力。推进水上应急基地及公路应急储备中心建设，加强城市轨道交通应急能力建设，构建综合交通应急运输网络，强化深远海救助打捞能力建设，加强内河应急救援力量建设，构建应急运输运力储备体系，健全国际搜救交流合作机制。七是推进安全科技创新和信息化建设。健全安全科技创新机制，加大安全应急科技研发力度，加大安全科技成果推广应用力度，加快推进安全应急信息化建设，提升安全科技支撑能力。八是加强教育培训和专业人才队伍建设。强化安全生产宣传，提升从业人员安全技能和应急能力，加强专业人才队伍建设。

三 民航领域

总体目标： 到2025年，我国民航安全水平再上新台阶，安全理论科学完善，风险管理精准可靠，安全文化与时俱进，技术支撑先进有力，民航安全发展更加自信从容，运输航空连续安全飞行跨越1亿小时大关。展望2035年，我国民航将实现从单一航空运输强国向多领域民航强国跨越的战略目标。行业基本实现集成、高效、智能的安全运行保障新格局，形成良法善治的现代化民航安全治理体系和治理能力，民航安全创新进程取得更为明显的实质性进展，行业安全文化成熟度达到新高度，中国民航的国际话语权明显增强，助力更高水平的平安中国建设，为实现全面建设社会主义现代化强国提供更加有力的保障。

主要任务： 按照国家在"十四五"时期统筹发展和安全、构建更高水平的平安中国的总体要求，通过提高站位、加大投入、前移关口，增强安全工作的"势能"，自上而下把安全责任压得更实；通过深化改革、科技引领和统筹协同，提升安全工作的"动能"，由内而外把安全治理体系和治理能力现代化建设进程推得更快、更稳。一是提高站位压实责任，强化政治担当。完善安全生产责任体系，强化落实安全主体责任，强化落实安全监管责任。二是加大投入补齐短板，深化"三基"建设。加强从业人员队伍建设，夯实安全综合保障基础，不断提升适航审定能力，加强行业安全文化建设。三是前移关口突出重点，有效管控风险。加大重点安全运行风险管控，保障新机型规模化运行安全，强化通用航空安全事故预防，加强无人机运行的安全管理，提升民航网络安全保障能力。四是深化改革依法治理，提升监管效能。完善法规标准体系建设，优化安全监管机制建设，积极推进智慧民航建设。五是科技引领加快应用，推动自主创新。推动新技术的示范应用，加强安全基础理论研究。六是统筹协同高效处置，健全应急体系。全面提高应急处置能力，不断增强事件调查能力。七是整合资源联防联控，构建平安民航。推进空防安全体制机制建设，加强空防体系协同能力建设。

四 邮政领域

总体目标：到2025年，行业规模实力、基础网络、创新能力、服务水平、治理效能实现新跃升，在经济社会发展中作用更加突出，在全球邮政业发展中地位更加凸显。寄递网络枢纽智能高效、干线衔接顺畅、末端稳固便捷。技术创新、业态创新、模式创新实现新突破，重点领域科技研发应用水平居世界前列，寄递服务质量不断提升。邮政管理体系更加适应发展需要，安全绿色发展水平显著提升，从业人员合法权益得到更好保障。到2035年，建成人民满意、保障有力、世界前列的邮政强国。实现网络通达全球化、设施设备智能化、发展方式集约化、服务供给多元化，基本实现行业治理体系和治理能力现代化。

主要任务：一是强化行业安全管理。统筹传统和非传统安全，健全安全生产责任制，完善安全隐患排查和安全预防控制机制，着力维护寄递安全、生产安全和行业稳定运行。强化重要时点、重要地区、重要路由安全保障，加强重点枢纽安全监管，构筑寄递安全防护屏障，提升安全监管智能化水平。二是健全应急管理体系。推动邮政业应急管理加入国家和地方应急管理体系。参与建立跨部门、跨地区应急协调机制，构建政企联动的应急指挥机制。健全应急通行保障、应急物资管理等机制，建立健全邮政业服务国家重大突发事件应急处置工作机制。加强行业应急救援能力建设，提升寄递服务设施应急保障能力。推进行业应急预案体系建设，积极参加国家应急演练，提升应急处置能力。

结　束　语

　　交通是兴国之要、强国之基，也是经济脉络、文明纽带，是中国现代化的开路先锋。作为国民经济中基础性、先导性、战略性产业和重要的服务性行业，可持续交通引领可持续发展，而可持续交通应更加安全。然而，我国交通运输体量大、风险高，行业安全生产的治理能力和治理水平还不够高，安全生产工作任务依然繁重。交通运输行业坚决贯彻习近平总书记关于安全生产的重要指示精神，贯彻《交通强国建设纲要》《国家综合立体交通网规划纲要》，统筹发展和安全，坚持以人民为中心，牢固树立"人民至上，生命至上"的安全发展理念，坚守红线底线，有效管控重大风险，强力治理重大隐患，努力夯实基层基础，深化开展科技兴安，着力提升本质安全水平，完善安全生产体系，增强救援实力，坚决遏制重特大生产安全事故，为推进国家治理体系和治理能力现代化、建设更高水平的平安中国提供可靠的交通运输安全保障，为全球交通发展贡献力量。

"十三五"时期交通运输安全生产大事记 50 件

（本附录内容按时间顺序排列）

1. 多部门联合发布《危险化学品储存场所安全专项整治工作方案》

2016年5月19日，国家安全生产监督管理总局、交通运输部、国家铁路局联合印发《危险化学品储存场所安全专项整治工作方案》。

2.《快递安全生产操作规范》发布

为贯彻落实《国务院关于促进快递业发展的若干意见》重要部署，完善行业安全生产体系，提升行业安全监管水平，《快递安全生产操作规范》以"全行业统一遵循的基本安全要求"为准则，全面梳理快递安全生产的关键环节，提出全行业普遍遵守的安全生产操作要求，于2016年6月1日起施行。

3.《中华人民共和国航道法》修订

2016年7月2日，第十二届全国人民代表大会常务委员会第二十一次会议通过关于修改《中华人民共和国航道法》的决定，进一步明确了针对保障航道建设质量安全的要求。

4.《交通运输企业安全生产标准化建设评价管理办法》发布

2016年7月26日，为深入贯彻落实《中华人民共和国安全生产法》，大力推进企业安全生产标准化建设，交通运输部印发《交通运输企业安全生产标准化建设评价管理办法》。

5.《邮政业安全生产设备规范》发布

2016年9月1日，中国邮政业首部强制性安全生产行业标准《邮政业安全生产设备规范》生效实施，全面增强快递行业的合规性和正规性，促进快递业持续安全发展。

6.《中国民航安全生产"十三五"规划》发布

2016年9月29日，《中国民航安全生产"十三五"规划（2016—2020年）》印发，明确了"十三五"期间民航安全目标、工作思路和重点。

7.《中华人民共和国公路法》修订

2016年11月7日，第十二届全国人民代表大会常务委员会第二十四次会议通过关于修改《中华人民共和国公路法》的决定，强化了对公路的安全保护。

8.《危险货物港口作业重大事故隐患判定指南》发布

2016年12月19日，交通运输部发布《危险货物港口作业重大事故隐患判定指南》。对符合危险货物港口作业重大事故隐患的5种情况作出详细说明，强调依照本指南判定为重大事故隐患的，应依法依规采取相应处置措施。

9. 国家《安全生产"十三五"规划》发布

2017年1月12日，国务院办公厅发布《安全生产"十三五"规划》，其中明确提出了运输交通安全隐患专项整治、完善客货运输车辆安全配置标准等要求。

10.《民航安全绩效管理推进方案》发布

2017年4月11日，中国民用航空局印发《民航安全绩效管理推进方案》，进一步规范民航生产经营单位的安全绩效管理工作，确保行业持续安全。

11.《民航安全隐患排查治理工作指南》发布

2017年5月3日，中国民用航空局发布《民航安全隐患排查治理工作指南》（MD-AS-2017-02），以落实"坚持民航安全底线，对安全隐患零容忍"的要求，建立安全隐患零容忍长效机制。

12.《中华人民共和国船舶安全监督规则》发布

2017年5月23日，为保障水上人命、财产安全，防止船舶造成污染，加强船舶安全监督管理，《中华人民共和国船舶安全监督规则》正式发布。

13.《公路水运工程安全生产监督管理办法》发布

2017年6月7日，经交通运输部2017年第9次部务会议通过，《公路水运工程安全生产监督管理办法》发布，自2017年8月1日起施行。

14.《铁路安全生产"十三五"规划》发布

为落实《国务院安全生产委员会关于做好安全生产"十三五"规划实施工作的通知》，以确保高速铁路运营和旅客安全万无一失为目标，2017年7月25日，国家铁路局发布《铁路安全生产"十三五"规划》。

15.《港口危险货物安全管理规定》发布

为了加强港口危险货物安全管理，预防和减少危险货物事故，保障人民生命、财产安全，2017年8月29日，《港口危险货物安全管理规定》发布。

16.建设寄递渠道安全监管"绿盾"工程

2017年9月20日，邮政寄递渠道安全监管"绿盾"工程（一期）可行性研究报告获得批复，国家邮政局自2016年起申请实施"绿盾"工程后，于2020年基本完成"绿盾"工程一期建设，基本实现动态可跟踪、隐患可发现、事件可预警、风险可管控、责任可追溯的"五可"目标。

17.《长江干线水上交通安全管理特别规定》发布

为了加强长江干线水上交通安全管理，维护通航秩序，保障人民群众生命、财产安全，2017年11月4日，《长江干线水上交通安全管理特别规定》发布。

18.《复杂地质条件下铁路建设安全风险防范若干措施》发布

2017年11月7日，国家铁路局、国家安全生产监督管理总局联合印发《复杂地质条件下铁路建设安全风险防范若干措施》。

19.《民用航空安全管理规定》发布

为了实施系统、有效的民用航空安全管理，保证民用航空安全、正常运行，2018年2月11日，经交通运输部部务会通过，《民用航空安全管理规定》发布，自2018年3月16日起施行。

20.《快递暂行条例》发布

作为全球为数不多的全方位调整快递法律关系的专门法规，在提高人防、技防、物防的基础上，优化、实化、细化快件收寄验视、实名收寄、过机安检制度，增加数据安全管理制度，强化安全生产制度，李克强总理签署国务院令，《快递暂行条例》正式发布，自2018年5月1日起施行。

21.川航3U8633机组成功处置空中险情

2018年5月14日，川航3U8633机组成功处置空中险情，同年6月8日被授予"中国民航英雄机组"称号，机长刘传建被授予"中国民航英雄机长"称号。同年9月30日，习近平总书记亲切会见"中国民航英雄机组"，并对如何学习英雄事迹、弘扬英雄精神、进一步做好民航工作作出重要指示。

22.《城市轨道交通运营管理规定》发布

为规范城市轨道交通运营管理，保障运营安全，提高服务质量，促进城市轨道交通行业健康发展，《城市轨道交通运营管理规定》于2018年5月21日公布，自2018年7月1日起施行。

23.三部委联合发布《道路运输安全生产计划（2018—2020年）》

为全面贯彻落实党的十九大精神和《中共中央　国务院关于推进安全生产领域改革发展的意见》，牢固树立生命至上、安全发展理念，提升道路运输安全现代化治理能力，有效遏制和减少道路运输安全事故的发生，切实保障人民群众生命财产安全，2018年6月14日，交通运输部、公安部、应急管理部联合印发了《道路运输安全生产计划（2018—2020年）》。

24.参与泰国普吉岛海域游船倾覆事故应急处置和调查

2018年7月5日，两艘载有122名中国籍游客的游船在泰国普吉岛附近海域倾覆。交通运输部派出1名工作人员和12名应急救援队员前往泰国参与救援和事故调查，最终75人获救。

25.《平安交通三年攻坚行动方案（2018—2020年）》发布

2018年7月12日，交通运输部印发了《平安交通三年攻坚行动方案（2018—2020年）》，强调实现"平安交通"的重要目标，建立系统有效、覆盖广泛和保障有力的平安交通安全体系，既是经济社会健康发展的客观需要，也是国家和人民的重要期盼之所在。

26.《船舶载运危险货物安全监督管理规定》发布

为加强船舶载运危险货物监督管理，保障水上人命、财产安全，2018年7月20日，《船舶载运危险货物安全监督管理规定》发布。

27.交通运输安全研究中心成立

2018年9月17日，交通运输安全研究中心成立。交通运输部党组书记杨传堂要求，要深刻认识当前和今后一个时期交通运输安全生产形势的严峻性，进一步增强安全研究工作的紧迫性，本着对人民负责、对国家负责、对行业负责的态度，着力打造国际一流的交通运输安全研究中心。

28.贯彻落实习近平总书记对民航安全工作的重要批示精神

为深入贯彻落实习近平总书记对民航安全工作的重要批示精神，中国民用航空局研究制定并于2018年9月19日下发了《关于深入贯彻落实习近平总书记重要批示精神　确保民航安全运行平稳可控的措施》，共9方面26条。

29.《关于深化交通运输综合行政执法改革的指导意见》发布

2018年11月26日，中共中央办公厅、国务院办公厅印发了《关于深化交通运输综合行政执法改革的指导意见》，对交通运输综合执法改革作了全面部署。12月13日交通运输部召开了全国交通运输综合行政执法改革工作推进视频会议，全面部署和推进交通运输综合行政执法改革工作。

30.《中华人民共和国港口法》修订

2018年12月29日，第十三届全国人民代表大会常务委员会第七次会议通过了《中华人民共和国港口法》修改的决定，修订加强港口管理,维护港口的安全方面的内容。

31.广深港高速铁路首次运营安全综合检查

2019年1月7日至9日，国家铁路局与香港特别行政区政府机电工程署共同开展广深港高速铁路运营安全首次综合检查。

32.《海运固体散装货物安全监督管理规定》发布

为了加强海运固体散装货物监督管理，保障海上人命、财产安全，2019年1月28日，《海运固体散装货物安全监督管理规定》发布。

33.《中华人民共和国道路运输条例》修订

2019年3月2日，《中华人民共和国道路运输条例》第三次修订发布，修订了对运输经营许可的条件，并深入推进诚信体系建设。

34.《海上滚装船舶安全监督管理规定》发布

为了加强海上滚装船舶安全监督管理，保障海上人命和财产安全，2019年6月26日，

《海上滚装船舶安全监督管理规定》经交通运输部第13次部务会议通过，自2019年9月1日起施行。

35.《危险货物道路运输安全管理办法》发布

为加强危险货物道路运输安全管理，预防危险货物道路运输事故，保护人民群众生命安全、环境安全和财产安全，2019年7月10日，《危险货物道路运输安全管理办法》经交通运输部第15次部务会议通过，自2020年1月1日起施行。

36.《交通强国建设纲要》发布

2019年9月19日，中共中央、国务院印发了《交通强国建设纲要》，把完善交通安全生产体系作为重要建设内容。

37.习近平总书记指出铁路安全事关国计民生

2019年10月5日，习近平总书记在中共中央办公厅秘书局整理的铁路沿线隐患上作出重要指示批示，指出铁路安全事关国计民生，要求全力开展整治并构建长效机制，确保运营安全。为贯彻落实习近平总书记重要批示精神，交通运输部开展铁路沿线环境安全隐患整治工作。2019年10月22日，《国家铁路局关于坚决贯彻落实习近平总书记重要指示精神全力维护高速铁路沿线环境安全的意见》正式印发。

38.《高速铁路安全防护设计规范》发布

2019年11月5日，国家铁路局公布《高速铁路安全防护设计规范》行业标准。该标准的制定公布是贯彻落实习近平总书记对加强高速铁路安全有关批示精神的重要举措，其实施为统一高速铁路安全防护工作设计标准、保障高速铁路建设和运营安全提供了重要技术支撑。

39.《道路运输危险货物安全管理规定》发布

2019年11月20日，《道路运输危险货物安全管理规定》经中华人民共和国交通运输部令2019年第42号修订重新发布，自2019年11月20日起施行。

40.《邮政业寄递安全监督管理办法》发布

为加强邮政业寄递安全管理，维护邮政通信与信息安全，保障从业人员、用户人身和财产安全，促进邮政业持续健康发展，2020年1月2日，《邮政业寄递安全监督管理办法》经以交通运输部令2020年第1号形式发布，自2020年2月15日起施行。

41.《民用航空器事件调查规定》发布

2020年1月3日，为了规范民用航空器事件调查，根据《中华人民共和国安全生产法》《中华人民共和国民用航空法》和《生产安全事故报告和调查处理条例》等法律、行政法规，交通运输部公布《民用航空器事件调查规定》，自2020年4月1日起施行，同时废止《民用航空器事故和飞行事故征候调查规定》。

42.《邮政行政执法监督办法》发布

为落实中央关于严格规范公正文明执法的决策部署，合理定位邮政行政执法监督工作，完善邮政管理部门内部关于行政执法行为的监督纠错机制，2020年2月20日，《邮政行政执法监督办法》以交通运输部令2020年第5号形式发布，自2020年5月1日起施行。

43.《高速铁路安全防护管理办法》发布

为了加强高速铁路安全防护，防范铁路外部风险，保障高速铁路安全和畅通，维护人民生命财产安全，2020年5月6日，交通运输部公布《高速铁路安全防护管理办法》，从高速铁路线路安全防护、高速铁路设施安全防护、高速铁路运营安全防护、高速铁路监督管理等方面，着力推进高速铁路安全防护"四个体系"建设，织密高速铁路安全防护网。

44.交通运输部《安全生产专项整治三年行动工作方案》印发

2020年6月3日，交通运输部印发《安全生产专项整治三年行动工作方案》，深入贯彻习近平总书记关于安全生产重要论述和党中央、国务院决策部署，认真落实《全国安全生产专项整治三年行动计划》。

45.全国铁路2020年"6·16"安全宣传咨询日暨铁路安全生产专项整治三年行动推进会召开

2020年6月16日，国家铁路局会同公安部、住房和城乡建设部、农业农村部、应急管理部、中国国家铁路集团有限公司七部门单位召开全国铁路2020年"6·16"安全宣传咨询日暨铁路安全生产专项整治三年行动推进会。

46.《铁路安全生产专项整治三年行动计划实施方案》发布

2020年6月22日，国家铁路局、公安部、住房和城乡建设部、交通运输部、农业农村部、应急管理部、中国国家铁路集团有限公司联合印发《铁路安全生产专项整治三年行动计划实施方案》。

47.《道路旅客运输及客运站管理规定》发布

为进一步保障道路旅客运输安全，2020年7月6日，《道路旅客运输及客运站管理规定》公布，明确了生产经营者应具有健全的安全生产管理制度、依法加强安全管理、完善安全生产条件、健全和落实安全生产责任制等内容。

48.中国民航运输航空连续安全运行"十周年"

在行业规模保持快速增长的同时，民航安全态势持续平稳向好。新冠肺炎疫情以来，全行业认真统筹做好安全与防疫工作，保证了行业安全运行平稳可控。2020年8月24日，中国民航实现了运输航空安全飞行"十周年"。

49.中国民航监察员培训学院成立

2020年9月10日，中国民航监察员培训学院成立，致力于对标世界一流，建成全球民航业领先的、专门的国家级监察员培训学院，助力民航安全治理体系和治理能力现代化。

50.交通运输部联合多部委发布《关于深入推进道路运输安全专项整治，切实加强道路运输安全协同监管的通知》

2020年12月15日，交通运输部会同工业和信息化部、公安部、商务部、文化和旅游部、市场监管总局联合发布《关于深入推进道路运输安全专项整治，切实加强道路运输安全协同监管的通知》，推动建立分工负责、齐抓共管、综合治理的道路运输安全协同监管格局。

参 考 文 献

［1］中华人民共和国交通运输部.中国交通运输年鉴［M］.北京：人民交通出版社股份有限公司，2016.

［2］中华人民共和国交通运输部.中国交通运输年鉴［M］.北京：人民交通出版社股份有限公司，2017.

［3］中华人民共和国交通运输部.中国交通运输年鉴［M］.北京：人民交通出版社股份有限公司，2018.

［4］中华人民共和国交通运输部.中国交通运输年鉴［M］.北京：人民交通出版社股份有限公司，2019.

［5］中华人民共和国交通运输部.中国交通运输年鉴［M］.北京：人民交通出版社股份有限公司，2020.

［6］中华人民共和国国务院新闻办公室.中国交通的可持续发展（2020年12月）［M］.北京：人民出版社，2020.

［7］国家铁路局.铁路安全情况公告［R］.北京：国家铁路局，2015.

［8］国家铁路局.铁路安全情况公告［R］.北京：国家铁路局，2016.

［9］国家铁路局.铁路安全情况公告［R］.北京：国家铁路局，2017.

［10］国家铁路局.铁路安全情况公告［R］.北京：国家铁路局，2018.

［11］国家铁路局.铁路安全情况公告［R］.北京：国家铁路局，2019.

［12］国家铁路局.铁道统计公告［R］.北京：国家铁路局，2015.

［13］国家铁路局.铁道统计公告［R］.北京：国家铁路局，2016.

［14］国家铁路局.铁道统计公告［R］.北京：国家铁路局，2017.

［15］国家铁路局.铁道统计公告［R］.北京：国家铁路局，2018.

［16］国家铁路局.铁道统计公告［R］.北京：国家铁路局，2019.

［17］国家铁路局.铁道统计公告［R］.北京：国家铁路局，2020.

［18］2019年国铁集团工作会议报告［J］.铁道安全，2019（1）.

［19］2019年国铁集团运输安全工作会议报告［J］.铁道安全，2019（1）.

［20］2020年国铁集团工作会议报告［J］.铁道安全，2020（1）.

［21］2020年国铁集团运输安全工作会议报告［J］.铁道安全,2020（1）.

［22］中国民用航空局国际合作服务中心.中国民航年刊（2016）［M］.北京：中国民航出版社有限公司，2017.

［23］中国民用航空局国际合作服务中心.中国民航年刊（2017）［M］.北京：中国民航出版社有限公司，2018.

［24］中国民用航空局国际合作服务中心.中国民航年刊（2018）［M］.北京：中国民航出版社有限公司，2019.

［25］中国民用航空局国际合作服务中心.中国民航年刊（2019）［M］.北京：中国民航出版社有限公司，2020.

［26］中国民用航空局国际合作服务中心.中国民航年刊（2020）［M］.北京：中国民航出版社有限公司，2021.

责任编辑：姚　旭
封面设计：王红锋

中国交通运输
"十三五"安全生产发展报告

ISBN 978-7-114-18219-8

官方微店

官方微信公众号

定价：80.00元

RJY